Im Tonstudio mit Samplitude

FSC
www.fsc.org
MIX
Papier aus ver-
antwortungsvollen
Quellen
Paper from
responsible sources
FSC® C105338

Raik Johne

Im Tonstudio mit Samplitude

Praxisbuch für den Einstieg in das Aufnehmen und Mischen mit Samplitude

Impressum

Bibliografische Information der Deutschen Nationalbibliothek

Die Deutsche Nationalbibliothek verzeichnet diese Publikation
in der Deutschen Nationalbibliografie; detaillierte bibliografische
Daten sind im Internet über www.dnb.de abrufbar.

2. komplett überarbeitete Auflage
© 2019 Raik Johne
Herstellung und Verlag:
BoD - Books on Demand, Norderstedt
ISBN 978-3-7481-9128-5

Inhaltsverzeichnis

1. Zu diesem Buch

Als 1992 im Studio für elektronische Musik Dresden zusammen mit der TU Dresden ein kleiner Sample-Editor für den Amiga programmiert wurde, ahnte wohl noch niemand, dass sich daraus mal eine sehr anspruchsvolle Studio-Software entwickeln würde, die in ihrer Vollausstattung auch den professionellen Ansprüchen großer Tonstudios genügt. Da ich selbst seit 1995 mit diesem tollen Programm arbeite, konnte ich über 24 Jahre die Entwicklung und stetige Verbesserung und Erweiterung von Samplitude mitverfolgen. Und in der Tat hat sich seit meinem Einstieg in Version 4 eine Menge getan. Inzwischen sind wir in der Zählung bei Version 15 angekommen.

Nur zum besseren Verständnis: Es gibt Samplitude nicht nur in immer wieder neuen Versionen, sondern auch mit unterschiedlicher Ausstattung und entsprechend verschiedenen Preisen. (Upgrades, Cross-Grades und Bildungsversionen kosten entsprechend weniger.) Hier mal die Produktlinien mit dem Stand von Januar 2019:

> ➢ Samplitude Musicstudio 2019 - Amateurbereich bis semiprofessionelle Anwender - 99,99 €
> ➢ Samplitude Pro X4 (entspricht Version 15) - semiprofessionelle bis professionelle Anwender - 399,00 €
> ➢ Samplitude Pro X4 Suite (entspricht Version 15) mit Zusatzausstattung - semiprofessionelle bis professionelle Anwender - 599,00 €
> ➢ Sequoia 14 - ein erweitertes Samplitude für professionelle Anwender (vor allem im Bereich Post Production, Radio und Mastering) - 2975,00 €

Das jeweilige Programm wird als 32-Bit-Version und 64-Bit-Version installiert. Wenn deine Rechnerkonfiguration 64 Bit kann, solltest du diese Version nutzen.

Im vorliegenden Buch werde ich mich auf Samplitude Pro X4 Suite beziehen. Das heißt aber nicht, dass du mit meinen Tipps nichts anfangen kannst, wenn du eine andere Variante benutzt. Und auch bei der Arbeit mit früheren (oder späteren) Versionen kannst du durchaus profitieren, selbst wenn manche Funktionen durch eine andere Menüstruktur mal anderswo zu finden sind.

Wie ist dieses Lesewerk nun entstanden? Nun - in den letzten Jahren habe ich mich auf Literatur für den Neueinsteiger spezialisiert, da solche Bücher auf dem Markt doch sehr rar sind. Es wird neben der Vermittlung der Grundlagen an vielen Beispielen gearbeitet und damit sowohl Theorie als auch Praxis an den Neuling herangebracht. In den gerade erwähnten Büchern wurde bereits auf Samplitude Bezug genommen (dort zum Teil auf ältere Versionen). Beim Schreiben und auch bei meinen Workshops *[Foto siehe Buchrückseite]* hatte ich aber gemerkt, dass ein speziell auf Samplitude ausgerichtetes Praxisbuch durchaus sinnvoll wäre.

Wenn du mit Samplitude arbeitest, dann gehe ich davon aus, dass du auch mal ins Handbuch geschaut hast oder die Hilfe-Funktion betätigt wurde. Wenn du also bestimmte Funktionen suchst oder grundsätzliche Fragen zur Bedienung aufkommen, dann scheue dich nicht, das Handbuch auch zu benutzen. (Entsprechende Hinweise werde ich eingerahmt am Anfang jedes Kapitels geben.) Seit der Erstauflage meines Buches ist die eigentlich sehr gute Dokumentation zum Programm stark in Richtung Praxiseinsatz erweitert worden. Hieran knüpfe ich an, so dass wir uns durch mehrere Arbeitsgebiete innerhalb des Tonstudios durchkämpfen werden und schauen, wie Samplitude dabei am besten eingesetzt werden kann. Es ist also mehr eine praxisnahe Ergänzung ohne Anspruch auf Vollständigkeit, denn nicht jede Spezialfunktion und jeder Menüpunkt sind sofort für den Studio-Starter wichtig. Die Arbeit an diesem Buch wurde zwar nicht durch die Firma Magix beauftragt, aber natürlich liegt eine Autorisierung in Bezug auf Sachinformationen und Bildschirmfotos vor. Du solltest das Buch auch nicht als Werbung für die Software ansehen, sondern es ist eine Ratgebersammlung von einem Anwender zum anderen.

In Bezug auf den Studioeinstieg und auch den Gebrauch von Synthesizern habe ich mich in den erwähnten eigenen Büchern schon eingehend geäußert und werde sicher nicht jedes Detail per Copy & Paste in dieses Buch übernehmen. Wenn du also weiteren Lesebedarf haben solltest, findest du im *Kapitel 17.4.* die nötigen Hinweise. Außerdem werde ich im Laufe des Buches einige Querverweise geben, die sich so entschlüsseln lassen:

> - Studio I+II - „Mein erstes Tonstudio - Band I+II"
> - Synthi - „Keine Angst vorm Synthesizer"
> - Effekte - „Effekte-Praxis im Tonstudio"
> - Chor - „Nimm den Chor doch selber auf"

Was haben wir nun vor? Zunächst werden wir in einem Start-kapitel die wesentlichen Dinge klären, die du bei der Einrichtung des Programms und der jeweiligen Arbeitsprojekte beachten solltest. Danach geht es um verschiedene Aufnahmesituationen und deren praktische Umsetzung. Nicht fehlen dürfen natürlich diverse Nachbearbeitungsvarianten, die letztlich zum Endmix führen sollen. Drei Kapitel mit ein paar Anregungen und spezielleren Anwendungen ergänzen die Ausführungen. Dabei soll immer wieder die Praxis im Vordergrund stehen.

An diesem Symbol und dem Kursivtext sind die Praxisteile erkennbar. In ihnen wird versucht, möglichst einfache Anwendungen oder einfach nur praktische Tipps anzubieten, die auch der Neuling leicht nachstellen kann. Wie schon erwähnt: Nicht jede Programm-Variante kann alles. Deshalb kann es bei Spezialfunktionen schon mal vorkommen, dass du bei der einen oder anderen „Übung" kapitulieren musst.

So, und nun wünsche ich dir viel Spaß mit einer der besten Digital Audio Workstations (DAW), die es auf dem Markt gibt. Und du hast die Ehre, damit arbeiten zu dürfen. Du lebst deine Kreativität aus und schlägst dir (wie es sich für einen Musikfanatiker gehört) die Nächte um die Ohren. Du sitzt IM TONSTUDIO MIT SAMPLITUDE.

2. Alles startklar?

Befrage das Manual:
- 📖 Tastaturkürzel
- 📖 Systemoptionen
- 📖 Mausmodi und Mausmodusleiste
- 📖 Skins
- 📖 Werkzeugleiste
- 📖 Darstellungsoptionen/ Comparisonics-Darstellung
- 📖 Erweiterte Puffereinstellungen
- 📖 Audioeinstellungen
- 📖 Synchronisationsdialog
- 📖 Hardware Controller
- 📖 Docking
- 📖 Zeitanzeige
- 📖 Visualisierung
- 📖 Neues virtuelles Projekt
- 📖 Spurkopf
- 📖 Öffnen und Importieren

Wenn du erstmalig mit Samplitude arbeitest, solltest du dich möglichst schnell mit einigen Grundeinstellungen des Programms vertraut machen. Aus eigener Erfahrung weiß ich, dass man die Arbeitsweise, die man sich mit einer Software einmal angeeignet hat, nur schwer wieder verändert. Nun musst du für dich selbst wissen, ob du eher der Maustyp oder der Tastaturtyp bist. Die Grundbedienung von Samplitude erfolgt natürlich mit der Maus. Aber darüber hinaus benutze ich für meinen Teil sehr viele **Shortcuts** (M für Mixer, F für Fade, T für Trennen, ...). Das geht zwar auch alles mit der Maus, aber mein Workflow wird durch die Kürzel wesentlich beschleunigt. Wenn du also auch der Tastaturtyp bist, dann schaue bald nach diesen Tastaturkürzeln und passe sie eventuell an deine Bedürfnisse in den Systemoptionen an (Taste Y).

In Bezug auf die Mausbedienung stellt Samplitude einerseits allgemeine und andererseits sehr spezielle **Mausmodi** zur Verfügung. Da ich nun schon lange mit Samplitude arbeite, ist der alte 4.0-Modus, der jetzt Links-Rechts-Modus heißt, für mich zum Standard geworden. Für dich könnte es aber auch der Universalmodus werden. Probiere also verschiedene Varianten aus und teste, welcher Modus sich für dich am besten bedienen lässt, ohne dass du bewusst darüber nachdenken musst. (Dass wir daneben so manchen Spezialmodus trotzdem brauchen werden, ist eine ganz andere Geschichte.)

Von Neueinsteigern wird häufig die Rolle des Programmdesigns unterschätzt. Es ist aber schon wichtig, ob du die benötigten Funktionen schnell findest und einfach auch den Anblick der Software beim stundenlangen Starren auf den Monitor noch als angenehm empfindest. Von Samplitude werden in den Systemoptionen mehrere **Skins** angeboten, unter denen du dich in der Einarbeitungsphase entscheiden solltest, denn auch dabei spielen gewisse Gewohnheiten eine Rolle.

Die verschiedenen **Werkzeugleisten** sind natürlich ebenfalls anpassbar. Diese Arbeit würde ich noch ein wenig rausschieben, bis du je nach deinem Betätigungsfeld einschätzen kannst, welche Leisten du auf der Oberfläche brauchst und welche Symbole enthalten sein sollen. Zu viel ist hier nicht immer gut.

Ebenfalls in den Systemoptionen findest du die **Darstellungsoptionen**. Hier kannst du Feineinstellungen in Bezug auf die Darstellungsweise vornehmen. Der für mich wichtigste Punkt dabei ist die Comparisonics-Darstellung, die ich im Schnitt- und Bearbeitungsprozess einfach nicht mehr missen möchte.

Die Einstellung verschiedener **Puffer** kannst du so lange in Ruhe lassen, wie es keine Aufnahme- und Abspielprobleme gibt. Zeigen sich aber Aussetzer und Knackser, muss in den erweiterten Puffereinstellungen optimiert werden. Vor allem der Puffer für das virtuelle Arbeiten sollte dann erhöht werden. Auch die Pufferanzahl lässt sich eventuell steigern. Die Erhöhung der Abspielsicherheit erkauft man sich aber leider mit verlängerten Reaktionszeiten. Also ist beliebiges Erhöhen auch nicht unbedingt gut. Da die Einstellungen sehr vom Zusammenspiel einiger Hardwarekomponenten und der Software abhängig sind, lassen sich hier keine Pauschalangaben machen. Erhöhe einfach schrittweise und finde einen guten Kompromiss zwischen Stabilität und Reaktion.

2.1. Soundkarten und Interfaces

Zunächst gehe ich mal davon aus, dass dein PC die nötigen Voraussetzungen für ernsthafte Studioarbeit mitbringt *[siehe Studio I Kapitel 3]*. Ansonsten brauchen wir für Studiozwecke natürlich im Soundbereich eine Ausstattung, die weit über den üblichen Standard hinausgeht. Ich für meinen Teil bevorzuge anstatt interner Soundkarten eher externe Lösungen, die über USB oder per Firewire am Computer hängen. Falls du dich für eine interne Soundkarte entscheidest, dann sorge wenigstens dafür, dass sie weit weg ist von Grafikkarte und Netzteil als die häufigsten Verursacher von Störgeräuschen.

Da aber die wenigsten Soundkarten mehr als nur stereo anbieten und dann meist auch recht teuer sind und es aber im Normalfall für die Studioumgebung im Prinzip unerlässlich ist, dass du mehr als einen Stereo-Eingang zur Verfügung hast, um halt auch mehr als zwei Kanäle gleichzeitig aufzuzeichnen, gehen wir mal von der Wahl einer externen Lösung aus. Man spricht dann auch nicht mehr von Soundkarte, sondern vom **Audio-Interface**. Wichtig ist insbesondere die Anzahl der Audio-Eingänge, wenn du zum Beispiel simultane Bandaufnahmen machen möchtest. Auch sollte möglichst ein Regler für den Monitorausgang und eventuell für den Kopfhörer vorhanden sein, falls du keine anderen Monitoring-Lösungen hast.

Unabhängig vom Modell (also intern oder extern) solltest du bei den Parametern auf die **Latenz** achten. Das ist die technisch bedingte Verzögerung bei Ein- und Ausgabeprozessen. Diese sollte möglichst unter 10 ms liegen. Schaue am besten in Test- und Messberichten nach.

Für die Wahl der **Bitbreite** stehen dir in Samplitude mehrere Optionen zur Verfügung. Die Bitbreite einer CD liegt bei 16 Bit. Allerdings wird bei den meisten Produktionen mit 24 Bit gearbeitet, was einen größeren Dynamikumfang bedeutet. Noch besser sind 32 Bit Float. Dieses Format ist übersteuerungssicherer und in leisen Passagen rauschärmer. Allerdings brauchst du natürlich auch mehr Festplattenkapazität. Bei Verwendung von 24 oder 32 Bit wird erst im letzten Schritt vor der CD-Pressung auf 16 Bit runtergerechnet.

Für die Kommunikation deiner Recording-Software mit der Soundkarte oder dem Interface ist der richtige **Treiber** notwendig. Greife hier möglichst nicht auf interne Windows-Treiber zurück, sondern mache dir die nur kleine Mühe, den mitgelieferten oder ladbaren Treiber zu installieren, welcher auf deine Recording-Hardware zugeschnitten ist und entsprechend zuverlässig laufen sollte. Das müsste im Normalfall ein ASIO-Treiber sein, der in seinem Namen die Bezeichnung der Soundkarte mit enthält.

2.2. MIDI

Ein paar Bemerkungen zur **Synchronisation**. Falls du nur akustische Instrumente sowie E-Gitarren und Gesang aufnimmst - ob einzeln oder simultan - musst du dich um diese Problematik nicht weiter kümmern. Sollen aber andere Komponenten mit der Recording-Software synchron laufen, also zum Beispiel ein Synthesizer-Arrangement oder eine weitere Software, dann muss ein Datenaustausch in Bezug auf das Timing stattfinden. Dies geht beispielsweise über MIDI-Synchronisierung. Samplitude bietet dazu mehrere Synchronisationsformate mit unterschiedlichen Zusatzfunktionen. Damit alles funktioniert, musst du einem der beiden beteiligten Kommunikationspartner die Oberhand überlassen (Master) - der andere folgt entsprechend (Slave).

Ich arbeite beispielsweise gern mit Samplitude als Slave und steuere das System von meiner Synthesizer-Workstation aus. Ich muss also nur noch die Aufnahme scharf schalten. Das Programm rastet dann bei der richtigen Taktzahl ein (also auch mitten im Titel) und beginnt dort synchron zu der Wiedergabe vom Synthi die Aufnahme.

MIDI an sich ist ein sehr altes Format, welches inzwischen durch mehrere Generationen von Interfaces rein technisch überholt wurde. Da MIDI aber als Standard aus der Welt der Synthesizer nicht wegzudenken ist, findest du es halt auch als Synchronisationsbasis in Programmen wie Samplitude wieder. Nähere Erläuterungen sind in *Kapitel 4.2.* zu finden. Außerdem kannst du für noch mehr Informationen in *Synthi Kapitel 12 oder Studio Kapitel 8.3.* nachlesen.

2.3. Hardware Controller

Was du zwar nicht zwangsläufig brauchst, aber was das Arbeiten ungemein komfortabler gestaltet, sind **Hardware Controller**. Es ist vom „Anfass-Gefühl" ein großer Unterschied, ob du einen Software-Regler per Maus schiebst oder eben einen richtigen Regler in der Hand hast. Das haben sich wohl auch die Hersteller gedacht, und so ist die Controller-Gemeinde inzwischen riesig geworden. Für die virtuelle Mischpultbedienung ist es schön, wenn man Schieberegler sowie eventuell zusätzliche Drehregler hat, die sich meist auch von ihrer Funktion her anpassen lassen. Sinnvoll sind auch die sogenannten Transport-Schalter für Aufnahme, Wiedergabe, Stopp, Vor- und Rücklauf. Und wer mit virtuellen Synthesizern arbeitet, braucht fast zwangsläufig etwas mit Klaviertastatur und eventuell ein paar Pads für Schlagzeugsounds. Es ist einfach eine Frage des Platzes, des noch zur Verfügung stehenden Budgets und der persönlichen Bedürfnisse, zu welchem Produkt du schließlich greifst. Vom Zugriff her schneller bist du sicher mit mehrkanaligen Controllern, aber es gibt auch preisgünstige und trotzdem intuitiv zu bedienende Controller für einen einzigen Kanalzug. Der Controller greift dann immer auf den Kanal zu, der gerade aktiv geschaltet ist, was nach kurzer Eingewöhnungszeit richtig gut funktioniert. Solch einen Controller benutze ich zum Beispiel auch zur Samplitude-Steuerung bei Workshops *[Foto siehe Buchrückseite]*. Angeschlossen werden die Controller fast immer per USB. Mal abgesehen von individuellen Abstimmungen und Spezialfunktionen gibt es nach der Treiberinstallation eigentlich keine Probleme. Schaue vor dem Kauf am besten nach, welche Controller Samplitude ohne größere Anpassungen unterstützt.

2.4. Visuelle Hilfen

Samplitude bietet zahlreiche Funktionen, die dir von der optischen Unterstützung her das Arbeiten erleichtern sollen. Es würde ausufern, dies alles hier zu beschreiben. Auch ist es für den Einstieg in das Programm nicht notwendig, alle Funktionen gleich auf die Oberfläche zu holen. Außerdem ist das Ganze auch eine Frage der Übersichtlichkeit, denn wenn du deinen Monitor mit zu vielen Fenstern zupflasterst, hast du für die eigentlichen Tracks keinen Platz mehr. An dieser Stelle möchte ich darauf verweisen, dass Samplitude für mehrere Monitore tauglich ist. Wenn du also eine entsprechende Grafikkarte hast (und die muss nicht mal teuer sein) und irgendwo steht noch ein nicht benötigter Monitor rum, dann nutze auf jeden Fall diese Möglichkeit.

Durch das Docking-Konzept kannst du dir die Benutzeroberfläche an deine Bedürfnisse optimal anpassen. Meine Standard-Ansicht sieht so aus, dass ich auf meinem Hauptmonitor die Spuransicht liegen habe mit davor geöffnetem Trackeditor und den Spurköpfen. Außerdem nutze ich ein separates kleines Fenster für eine dreizeilige Zeitanzeige. Die Transportkonsole oder den Mixer klappe ich bei Bedarf aus.

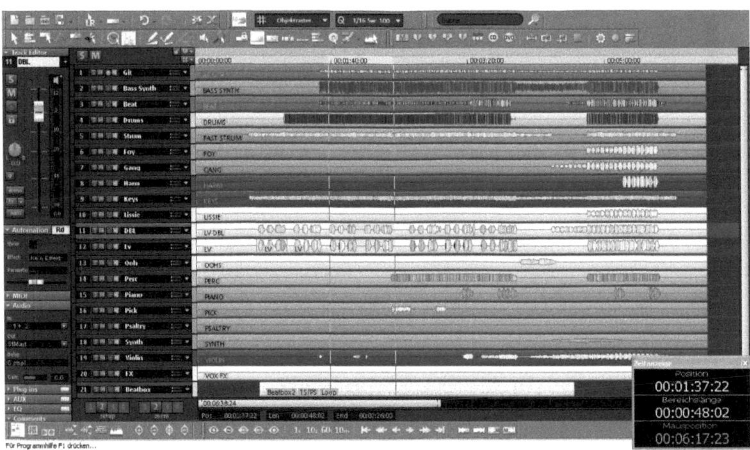

Auf meinem Nebenmonitor wird als dauerhafte Anzeige eine fünfteilige Visualisierung gefahren. Nachfolgend ist einmal mein

Kontroll-Monitor abgebildet. Dieser bezieht sich hier auf die Mastersektion, also auf die Gesamtsumme:

> Im linken Bereich befindet sich das **Peakmeter**, welches mir über die schmalen äußeren Säulen die momentane Lautstärke des linken und rechten Stereokanals anzeigt. (Bei 5.1-Mischungen sind es dann halt sechs Säulen.) Das obere Zahlenpaar darüber zeigt, wie hoch der höchste Wert seit dem Starten der Wiedergabe ist. Außerdem erkennt man auch, dass der Spitzenpegel für eine einstellbare Zeit als separater Strich gehalten wird. Die beiden breiten inneren Säulen zeigen wiederum zusätzlich den RMS-Wert an, der dann als weiteres Zahlenpaar ebenfalls oben zu finden ist. (Nebenbei: Ein Peak-meter in einfacherer Form gibt es für jeden Kanal am virtuellen Mischpult und im Spurkopf.)

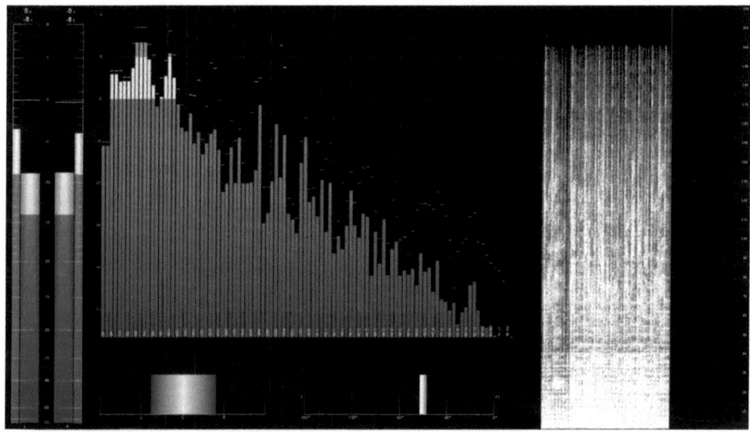

> Das große Feld in der Mitte oben ist das **Spektros-kop**. Auch hier gibt es für jedes Frequenzband einen gehaltenen Spitzenpegel in Form eines kleinen Striches.
> Darunter befindet sich links der **Richtungsmesser**, welcher in diesem Beispiel ein durchschnittliches

Stereofeld anzeigt. Der volumenmäßige Schwer-
punkt liegt fast genau mittig.

➢ Der **Korrelationsmesser** rechts daneben zeigt ein
Signal, das einen mäßigen bis ausgewogenen
Stereoanteil enthält.

➢ Auf der rechten Seite schließlich läuft bei mir ein
Spektrogramm. Es zeigt den Verlauf der Frequenz-
anteile über einen gewissen Zeitabschnitt. Da ich
öfter mit Audio Restaurierung zu tun habe, ist das
Spektrogramm für mich zum Standard geworden -
andere Anwender brauchen es vielleicht nie.

Obwohl mit Samplitude eine Menge unterschiedlichster Anfor-
derungen zu bewältigen sind, verweise ich an zwei Stellen des
Buches auf kleine hilfreiche Fremd-PlugIns mit Spezialfunktion.
Hier ist Nummer 1: Als zusätzliches PlugIn zur Visualisierung
nutze ich (meist in irgendeiner freien Ecke der Mixer-Ansicht) das
Intersamplingmeter X-ISM. Mit diesem kleinen Tool, welches als
Freeware zu haben ist, kannst du beurteilen, ob bei der späteren
Konvertierung von digital zu analog eventuell Übersteuerungen
auftreten könnten, obwohl du digital unter 0 dBfs geblieben bist.
Der Hintergrund ist der, dass die Digitalsamples nicht unbedingt

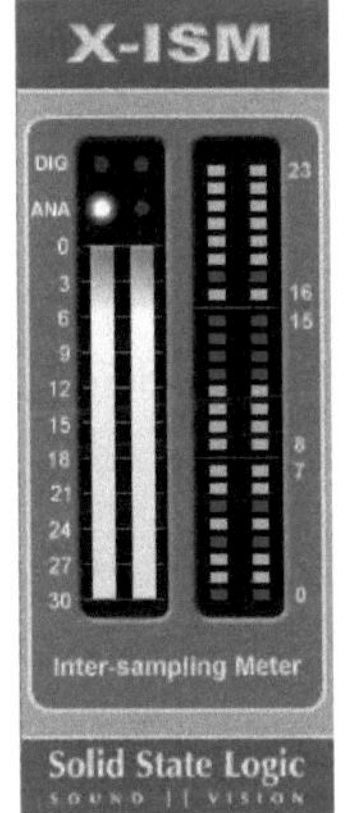

die Maximalstelle eines analogen Signals treffen
müssen - diese kann auch genau zwischen zwei
Samples liegen. Wenn dann ein technisch einfach
gestrickter D/A-Wandler, wie man ihn durchaus in
heimischen CD-Playern findet, wieder ein
Analogsignal daraus baut, kann es zu
Verarbeitungsfehlern kommen, die sich in bösem
Bratzeln äußern. Auch bei der Wandlung zu mp3
gibt es manchmal Probleme. Mit dem
Intersamplingmeter kannst du aber dieses
Problem frühzeitig erkennen. Mitunter flackern
plötzlich die Analog-Warnleuchten auf, obwohl
digital alles in Ordnung ist. (Nebenbei siehst du
bei X-ISM auch sehr schön, wie die 16 oder 24
Bit im Digitalbereich ausgenutzt werden.) In dem abgebildeten
Beispiel kannst du erkennen, dass die volle Bitbreite noch nicht
erreicht ist und beide Kanäle digital identisch aussehen. Trotzdem

spricht für den linken Kanal die Analog-Warnung an - es ist also etwas nicht in Ordnung.

Für noch mehr Details zum nicht ganz einfachen Gebiet des Meterings solltest du dich auf jeden Fall informieren, um die eingesetzten Anzeigen auch richtig zu interpretieren. In *Studio I Kapitel 7* gehe ich mit genaueren Erklärungen auf dieses Thema ein.

2.5. Projekteinrichtung

Bevor du überhaupt durchstarten kannst, musst du erst einmal ein neues Projekt anlegen. Dabei legst du einige Grundparameter fest: Zum Beispiel lässt sich die **Spuranzahl** im Vorfeld grob einstellen. Später kannst du immer noch Spuren hinzufügen oder auch löschen. Bei der **Samplerate** ist der Standard eigentlich 44100 Hz, da mit diesem Wert CD-Produktionen gefahren werden. Andere Werte wirst du nur in Sonderfällen oder einfach später brauchen. Schließlich muss noch ein **Speicherort** festgelegt werden. Zu diesem Thema solltest du dir sowieso ein paar grundsätzliche Gedanken machen, beispielsweise wie du deine Festplatten organisierst, damit du auch alles wiederfindest - auch noch Monate später. Dazu gehören Dateinamen, die aussagekräftig sind.

Wenn es nun in die eigentliche Arbeit mit Samplitude reingeht, müssten wir über eine Sache noch kurz sprechen, die du beim Anlegen deiner Projekte beachten solltest. Die Track-Ansicht ist im Prinzip als Hauptfenster der Software zu sehen. Hier nehmen wir auf, spielen ab, schneiden, mischen manchmal auch ansatzweise und arbeiten eventuell mit Effekten. Dabei hat die Software gegenüber früheren Bandmaschinen mehrere entscheidende Vorteile. Einer davon ist beispielsweise, dass man die Musik nicht nur hören, sondern auch sehen kann. Die grafische Darstellung des Soundmaterials gehört zu den Grundfunktionen und ist aus der heutigen Musikproduktion nicht mehr wegzudenken, da eine ganze Reihe von Arbeitsschritten auf diesem visuellen Konzept basiert. Wenn das leere Projektfenster geöffnet ist, solltest du dir ein paar Minuten Zeit nehmen, um die

Einzeltracks am besten über den Spurkopf zu **beschriften** und ihnen eine **Farbe** zu geben. Das klingt nach stupider Verwaltungsarbeit, was es letztlich auch ist, aber trotzdem möchte ich heute nicht mehr darauf verzichten. Wenn du für dich selbst erst mal ein System entwickelt hast und auch konsequent dabei bleibst, wirst du das am flüssigeren Arbeitsablauf spüren. Du kannst dich dann auf das Wesentliche konzentrieren, ohne noch zu überlegen, welche Spur wie belegt ist. Ich selbst färbe nach Klanggruppen getrennt, also verschiedene Farben für Drums, Bässe, Gitarren, Synthesizer, Gesang bzw. bei reinen Synthesizer-Produktionen halt Drums, Bässe, Pads, Sequenzen, Melodien, Effekte. Bei den Drums (bei mir grün) unterscheide ich dann noch nach Bassdrum, Snare, Toms und HiHat+Becken mit Nuancen von dunkel- bis hellgrün. Falls du immer an ähnlichen Projekten arbeitest, kannst du dir natürlich auch ein paar Presets selbst bauen und mit allen Einstellungen abspeichern.

Damit wären die Grundzüge des Projektes eingerichtet. Wenn du nur mit bereits vorgefertigtem Material arbeiten wirst und demzufolge nichts aufzunehmen hast (wie schade), musst du dein Material über Laden, Importieren oder Einlesen nur noch in der Software platzieren. Damit wäre allerdings ein großer Teil dieses Buches für dich uninteressant und es würde für dich somit ab *Kapitel 10* weitergehen. Ansonsten beschäftigen sich die nachfolgenden sieben Kapitel damit, wie die Aufnahme mit Samplitude erfolgen kann.

3. Aufnahmen ohne Sound-Input

> Befrage das Manual:
> 📖 Systemoptionen/ MIDI
> 📖 MIDI-Aufnahme, MIDI in Samplitude
> 📖 MIDI-Objekteditor, MIDI-Editor
> 📖 Software-Instrumente
> 📖 Effekte/ VST-PlugIn-Pfad
> 📖 Freeze
> 📖 Track-Editor
> 📖 Objekt-Synths
> 📖 Systemoptionen/ Audioeinstellungen und Audiogeräte
> 📖 ReWire

Aufnehmen bedeutet nicht zwangsläufig, dass Sound von außen in die Soundkarte oder das Interface gegeben wird. Es gibt mehrere andere Varianten, die im Studio eingesetzt werden und mit Samplitude problemlos möglich sind. Einige davon möchte ich in diesem Kapitel nur in Kurzform aufzeigen und gleichzeitig zum Nachahmen aufrufen.

(Hinweis: Lies vor dem Ausprobieren bitte beide nachfolgenden Unterkapitel, da diese sehr ineinander greifen und parallel gebraucht werden.)

3.1. MIDI-Aufnahme

Mal abgesehen davon, dass genau wie Audio-Material auch MIDI-Daten importiert werden können, ist mit Samplitude ebenso die Aufnahme solcher Daten möglich. Voraussetzung für eine MIDI-Aufnahme ist natürlich, dass erst einmal MIDI-Daten in den Computer gelangen und von Samplitude verarbeitet werden. Wie im *Kapitel 2.2.* bereits beschrieben wurde, musst du also die entsprechende Verkabelung vornehmen *[siehe Synthi Kapitel 12 oder Studio Kapitel 8.3.].* Außerdem musst du in den Systemoptionen nachschauen, ob deine Soundkarte oder das Interface als MIDI In angewählt ist. Übrigens gibt es schon im zweistelligen

Euro-Bereich vernünftige MIDI-Keyboards, die einfach per USB an den PC gestöpselt werden. Für diesen Fall wählst du unter MIDI In dann eben dieses Keyboard an.

Die Aufnahme von MIDI-Daten ist in Samplitude sehr einfach. Mit dem Umschalten der Spur auf MIDI vor der Aufnahme ist eigentlich schon alles getan. Beim Aufnehmen wird dann ein Objekt erzeugt, welches halt keine Audio-Daten enthält, sondern MIDI-Steuerdaten. Die Aufnahmemodi orientieren sich dabei an dem, was man von Digitalsequenzern gewohnt ist *[siehe Synthi Kapitel 10]*.

Genau wie Audio-Daten lassen sich die erzeugten MIDI-Daten vielfältig editieren. Dass dies in Samplitude natürlich viel komfortabler geht, als an einem kleinen Synthi-Display, versteht sich von selbst. Sowohl im MIDI-Objekteditor als auch im MIDI-Editor findest du dafür zahlreiche Funktionen. Lies hierzu bitte die recht ausführlichen Beschreibungen des Manuals und probiere dabei aus. Verliere dich aber nicht in zu vielen Details, denn wenn du auf dem Gebiet neu unterwegs bist, dann sind die Möglichkeiten der MIDI-Bearbeitung erst einmal erdrückend. Ein kleines Beispiel machen wir nach dem nächsten Unterkapitel.

Gehen wir davon aus, dass du deine MIDI-Daten aufgezeichnet und eventuell bearbeitet hast. Dann kannst du jetzt zweierlei Dinge damit tun. Die eine Möglichkeit ist, dass du die Daten über MIDI Out wieder an ein externes Gerät zurücksendest. Dieses Gerät (Synthesizer, Drum-Modul, ...) wäre dann der Tonerzeuger, der deine Daten zum Klingen bringt. Für eine spätere Audio-Produktion muss dann halt noch eine entsprechende Aufnahme des Sounds gefertigt werden *[siehe Kapitel 4]*. Wenn du dafür eine andere Spur des gleichen Projekts nutzt, ist die Synchronität bereits gegeben.

Eine andere Variante ist die Nutzung interner Software-Instrumente, was für dich zu Trainingszwecken sogar noch einfacher ist.

3.2. Software-Instrumente

Die heutige Qualität der angebotenen Software-Instrumente ist selbst im unteren Preissegment quasi sehr gut. Neben den in Samplitude bereits integrierten Möglichkeiten kannst du dir sehr preiswert verschiedene **VST-Instrumente** zulegen, die es teilweise sogar kostenlos gibt. Damit bist du also nicht mehr darauf angewiesen, einen Synthi-Park aufzufahren, wenn ein paar Synthesizerstimmen eingespielt werden sollen. Du musst nach dem Installieren nur daran denken, in den Systemoptionen den VST-PlugIn-Pfad einzulesen. Danach sollte dir das Installierte in Samplitude zur Verfügung stehen. Für die jeweilige Spur definierst du das Instrument einfach als PlugIn im Mixer oder im Track-Editor. Wichtig: Bevor du eine MIDI-Aufnahme mit internen VST-PlugIns anfertigst, wie sie unter *Kapitel 3.1.* beschrieben wurde, sollte eben diese Wahl des Instrumentes bereits erfolgt sein - sonst hörst du gar nichts!

Eine clevere Sache ist der **Freeze**-Befehl, mit dem du aus deinen MIDI-Daten und dem VST-Instrument eine neue Audio-Datei berechnest, die dann das MIDI-Objekt in deiner Spur ersetzt und wie jedes andere Audio-Objekt behandelt werden kann. Bei vielen parallelen Spuren spart das Ressourcen. Und für den Fall, dass nachträgliche Korrekturen notwendig werden sollten, ist der Freeze-Prozess auch später umkehrbar, da die Daten entsprechend gespeichert werden.

Versuchen wir uns an einem einfachen Beispiel. Voraussetzung ist natürlich, dass du eine externe Tastatur angeschlossen hast, die per MIDI die Tasteninformationen sendet. Sollten keine Daten ankommen, dann überprüfe die Signalkette:

> *Sendet deine Tastatur wirklich? Überprüfe die zugehörigen Einstellungen.*
> *Empfängt der Computer die Daten? Ein MIDI-Monitor (beispielsweise MIDI-Ox) hilft hier. Wenn nichts ankommt, kann auch mal das Kabel schuld sein.*

> *Verarbeitet Samplitude die Daten? Hierzu müssen die schon erwähnten Einstellungen in den System-optionen stimmen.*

Wenn also der Datenstrom geklärt ist, kann es losgehen:

> *Lege ein neues virtuelles Projekt an (Taste E). Es reicht im Prinzip ein einspuriges Projekt.*
> *Wähle in den Systemoptionen im Bereich MIDI dein verwendetes MIDI-Interface als MIDI In.*
> *Schalte im Trackeditor die Spur auf MIDI.*
> *Wähle in den PlugIns ein VST-Instrument (beispiels-weise unter VSTi/ MAGIX Synth das PlugIn Vita).*
> *Drückst du jetzt eine Taste, solltest du etwas hören.*
> *Wähle dir aus den Presets einen Sound nach deinem Geschmack aus.*
> *Falls du nicht direkt am Songanfang einsteigen möchtest, bringe deine Startmarke an die ge-wünschte Stelle.*
> *Schalte die Spur mit der Record-Schaltfläche scharf.*
> *Öffne die Aufnahme-Optionen (Umschalt+R) und nimm eventuell noch notwendige Einstellungen vor, wenn diese nicht automatisch richtig erscheinen (beispielsweise Speicherort und Dateinamen).*
> *Starte die Aufnahme, spiele ein paar Töne und beende die Aufnahme.*
> *Jetzt sollte in der Spur ein MIDI-Objekt sitzen, welches du dir durch Play auch wieder anhören kannst.*

Das gerade Aufgenommene kannst du gleich für weiteres Experi-mentieren nutzen, indem du einfach auf geloopte Wiedergabe gehst. Jetzt hast du die Möglichkeit, das gewählte PlugIn näher kennenzulernen. Höre in die Presets rein und schraube ein wenig herum.

Wichtig für die Arbeit mit Software-Instrumenten ist, dass du das Zusammenspiel aus MIDI-Informationen und den Parametern der PlugIns überschaust. Nehmen wir zur Veranschaulichung mal das einfache Beispiel eines einzelnen Tones und dessen Dauer, die sich aus der Summe folgender Parameter ergibt:

> Der Tastendruck und die zugehörige MIDI-Information liefern die Basis für die Tondauer.
> Das PlugIn entscheidet durch entsprechende Programmierung, wie die MIDI-Information verarbeitet wird. In vielen Fällen wird das über eine Hüllkurve geregelt *[siehe Synthi Kapitel 5]*.
> Legst du jetzt noch ein Hall-PlugIn auf die Spur, wird neben der Rauminformation auch die Dauer der Tonwahrnehmung zusätzlich verändert *[siehe Kapitel 13]*.

Du siehst, dass die Möglichkeiten vielfältig sind und dabei die verwendeten Komponenten immer im Zusammenhang betrachtet werden sollten.

3.3. Objekt-Synths

Wenn du noch nie mit Samplitude gearbeitet hast, fällt es dir eventuell schwer, den Unterschied zwischen Objekt-Synths und den als PlugIn gefahrenen Software-Synthesizern zu sehen. Hauptunterschied dürfte sein, dass bei der Arbeit mit Objekt-Synths keine MIDI-Daten entstehen. Zwar werden auch Steuerdaten erstellt, welche aber direkt mit dem jeweiligen Synth verknüpft sind, der dem entsprechenden Objekt zugrunde liegt - daher der Name.

Objekt-Synths eignen sich für verschiedene Arbeitsgebiete. Beispielsweise kann beim Erstellen eines Remixes ein Teil des auf anderen Spuren liegenden Arrangements gegen Soundmaterial aus einem Objekt-Synth ausgetauscht werden. Bei geschickter Arbeit kannst du im Grunde aber auch einen kompletten Titel aus der Kombination mehrerer Objekt-Synths erstellen, ohne dabei jemals eine Synthi-Taste zu drücken. Diese Arbeitsweise erinnert etwas an das Spielen mit Soundbausteinen, wie man es von verschiedenen Programmen kennt, zum Beispiel der Music Maker aus dem gleichen Haus wie Samplitude.

 *Ein kleines Beispiel soll dir verdeutlichen, dass die Arbeit mit Objekt-Synths nicht kompliziert ist und du schnell zu ersten Ergebnissen kommen kannst:*

- *Lege ein neues virtuelles Projekt mit zwei Spuren an (Taste E).*
- *Wähle im Menü „Objekt" den Punkt „Neues Synth-Objekt".*
- *Wähle im erscheinenden Menü den Loop Designer.*
- *Schalte den Bass in seiner Sektion über das „M" zunächst stumm und drücke den Play-Button.*
- *Wähle bei den Drums im linken Popup-Menü den Drum-Loop „Breakbeat 2".*
- *Wähle auf der rechten Seite im Menü der obersten Pfeilschaltfläche die Pattern-Einstellung „End Reverse".*
- *Wähle im Menü der mittleren Pfeilschaltfläche „Max" für gleichbleibende Lautstärke.*
- *Wähle im Menü der unteren Pfeilschaltfläche „Max" für gleichbleibende Filtereinstellungen. Alternativ kannst du auch mehrmals „Random" wählen und damit zufällige Filtereinstellungen erzeugen. Vielleicht gefällt dir etwas davon.*
- *Schalte nun den Bass wieder dazu.*
- *Wähle im linken Popup-Menü „Analog Puls".*
- *Wähle auf der rechten Seite im Menü der obersten Pfeilschaltfläche die Pattern-Einstellung „Dance".*
- *Wähle im Menü der unteren Pfeilschaltfläche „Ramp Up * 2" für einen sich zweimal öffnenden Filter.*
- *Schiebe in den 16er-Gruppen der Oktavregler jeweils den vierten und den letzten nach oben.*
- *Drehe zum Schluss noch die Lautstärke des Basses voll auf.*

Abgesehen vom Random-Filter sollte das bei dir jetzt wie auf der nachfolgenden Abbildung aussehen. Schließe nun das Fenster (Achtung - nicht die beiden großen Kreuze rechts, sondern das kleine darüber).

Damit wäre ein kleiner Loop aus Rhythmus und Bass erstellt. Kopiere diesen, indem du bei gedrückter STRG-Taste das Objekt anfasst und nach rechts verschiebst. Wir ergänzen uns das Ganze jetzt noch durch einen weiteren Rhythmus:

> *Stelle deine Startmarke an den Anfang des zweiten Objektes.*
> *Markiere die zweite Spur.*
> *Wähle im „Objekt"-Menü „Neues Synth-Objekt".*
> *Wähle im erscheinenden Menü die Beatbox2.*
> *Starte über den Play-Button die Wiedergabe. Du hörst eine Bass-Drum auf die vier Grundschläge. Die kannst du so lassen.*
> *Wähle in der zweiten Zeile als Instrument HiHats/ _Synthetic/LittleHiHat und markiere die Felder 3, 7, 11, 15.*
> *Wähle in der dritten Zeile als Instrument Claps/Clap DK_A und markiere die Felder 3, 8, 11, 15, 16.*
> *Wähle in der vierten Zeile als Instrument Snares/ _Synthetic/Synth Snare Werkkraft und markiere die Felder 5, 13.*

Die nächste Abbildung zeigt dir wieder, wie das Ganze aussehen sollte. Schließe nun auch dieses Fenster.

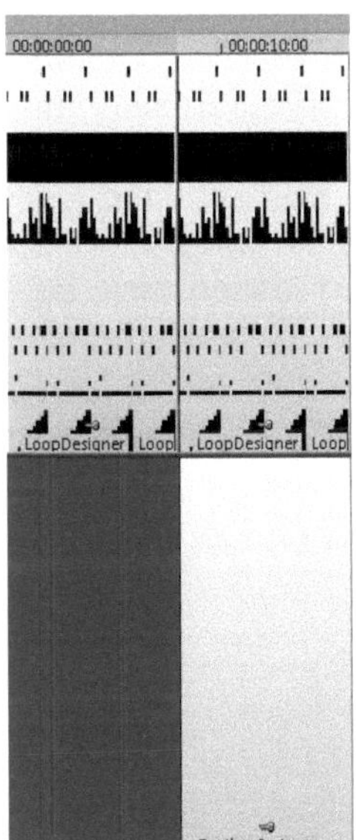

Damit haben wir mit wenigen Mitteln schon eine Art Intro für einen Titel geschaffen. Natürlich fehlen für den weiteren Titelablauf noch andere Komponenten, die auch nicht unbedingt mit Objekt-Synths realisiert werden müssen, aber die Grundlage aus den Bereichen Drum und Bass wurden schon mal gelegt. Gleichzeitig hast du zwei der Objekt-Synths ein wenig von innen gesehen.

Nach dem kurzen Kennenlernen dieser Bausteine solltest du dir vielleicht gleich die Zeit nehmen und experimentieren. Nutze andere Sounds und Einstellungen, so dass du einen Überblick bekommst, was möglich ist. Probiere natürlich auch die anderen Objekt-Synths aus, die hier nicht zur Sprache kamen.

3.4. Audio-Aufnahme aus anderer Software

Es ist sicher nicht Studioalltag, aber es kann schon vorkommen, dass du Audio-Material aufnehmen möchtest, das zwar im Computer selbst erzeugt wird, aber nicht unmittelbar an Samplitude weitergeleitet werden kann. Die Quelle kann eine andere Software sein oder auch ein Internet-Stream, der sich anders nicht abgreifen lässt. (Wohlgemerkt rede ich hier nicht von illegalen Downloads.) Ich hatte beispielsweise mal die Situation, dass ein Remix entstehen sollte, für den ich einen interessanten Sound aus einer kleinen Freeware einbauen wollte. Es gab weder die Möglichkeit, den Ton direkt zu übergeben, noch konnte man ein Zwischenergebnis als wav-Datei oder Ähnliches speichern. Also wurde die im PC integrierte einfache Soundkarte, die sonst keinen Laut von sich geben muss, reaktiviert und in Samplitude als Aufnahmegerät definiert. Dafür musste sogar noch von ASIO-Treiber auf MME gewechselt werden. Aber das Ganze funktionierte tadellos und mit nicht mal schlechter Qualität. Du darfst in so einem Fall nur nicht vergessen, die veränderten Einstellungen wieder zurückzusetzen.

Nur kurz erwähnen möchte ich, dass bei Programmen, die **ReWire**-fähig sind, die Soundübergabe durch direkte Ver-knüpfung noch viel einfacher ist. In dem Fall existiert dann eine samplegenaue digitale Verbindung ohne den Umweg über die Wandler einer Soundkarte. Auf diesem Weg lassen sich bei-spielsweise externe Software-Synthesizer in Samplitude ein-binden.

4. Synthesizer-Aufnahme

Befrage das Manual:
- Systemoptionen/ Audioeinstellungen und Audiogeräte
- Audio In (Spurkopf, Track-Editor oder Kanalzug im Mixer)
- Mehrspuraufnahme
- Projektoptionen/ Mixereinstellungen
- Systemoptionen/ MIDI
- Systemoptionen/ Projektoptionen/ Synchronisation
- Track-Editor
- Aufnahmeoptionen
- externe Hardware-Effekteinbindung

Wenn du mit einem Synthesizer oder auch mit mehreren Geräten dieser Instrumentengattung arbeiten möchtest, solltest du dich mit den technischen Gegebenheiten auseinandersetzen, die für das Aufnehmen erforderlich sind. Deshalb werden wir insbesondere die Einrichtung des Audio- und MIDI-Weges besprechen. Wenn ich bei meinen Beschreibungen nicht ausdrücklich eine andere Gerätebezeichnung wähle, ist mit Synthesizer im Moment pauschal alles gemeint, was so oder ähnlich funktioniert. Trotzdem solltest du bei deiner Aufnahmequelle wissen, ob du es mit einem **Synthesizer** oder einer **Workstation** zu tun hast. In Kurzform ausgedrückt: Der Synthesizer liefert dir wie jedes andere Instrument einen einzelnen (aber variablen) Sound, während auf einer Workstation vom Einzelsound bis zum mehrspurigen Komplettarrangement alles drin ist. Weiterhin werden manchmal auch **Drumcomputer** eingesetzt, die beim Aufnehmen gleichfalls wie Synthesizer gehandhabt werden können. Schließlich sollte noch erwähnt werden, dass sich das iPad inzwischen zu einer wichtigen Plattform für **Synthesizer-Emulationen** entwickelt hat und dort selbst Gratis-Software gute und interessante Ergebnisse liefert, so dass dir auch dieser „Synthi-Ersatz" im Studio begegnen könnte.

Abgesehen von den gerade gemachten Bemerkungen lassen wir aber an dieser Stelle völlig außen vor, wie Synthesizer und alle ihre Artverwandten funktionieren, da dies vom Thema Samplitude zu weit wegführen würde. Wenn du also nicht nur „der Mann am Pult" sein wirst, sondern auch noch die Welt der Synthesizer näher kennenlernen möchtest oder musst, empfehle ich dir einen Blick in entsprechende Literatur, beispielsweise *Synthi*.

4.1. Einrichtung des Audio-Weges

Damit wir ein Signal vom Synthesizer aufnehmen können, müssen drei Faktoren funktionieren:

> ➢ Das Signal muss im Synthesizer zum richtigen Ausgang geleitet werden.
> ➢ Dort greifen wir das Signal ab und leiten es per Kabel zu unserer Wandler-Hardware (Interface oder Soundkarte).
> ➢ Mit den richtigen Einstellungen in Samplitude wird das Signal zur entsprechenden Aufnahmespur geführt.

Den ersten Punkt setzen wir eigentlich als gegeben voraus. Aber eine Sache sollte dennoch geklärt werden. Wenn du mit einer Workstation arbeitest, stehst du immer wieder mal vor der Frage, ob du die Effektmöglichkeiten des Instrumentes nutzt oder erst im Aufnahme- und Mischprozess die Effekte von Samplitude verwendest. Ein Universalrezept hierfür gibt es nicht. Einerseits entscheidet natürlich die Qualität der Effekte, und dabei schneiden auf Grund von mehr Flexibilität in Bedienung und Algorithmen, aber auch beim klanglichen Ergebnis häufig die Effekte von Samplitude besser ab. Andererseits gehören so manche Sounds mit bestimmten Effekten als eine Einheit untrennbar zusammen, so dass der Effekt bereits schon Teil der Soundprogrammierung ist. Es ist also von Fall zu Fall zu entscheiden, was besser ist. In diesem Zusammenhang musst du dir einfach auch klarmachen: Was einmal auf der Aufnahme drauf ist, lässt sich im Prinzip nur durch Neuaufnahme oder meist teure Spezial-Tools vernünftig korrigieren. Damit kann einem ein gleich mit aufgenommener Hall, der einem im letzten Arbeitsschritt als übertrieben vorkommt, schon mal den frühen Feierabend versauen.

Zum zweiten und dritten Punkt gibt es etwas mehr Redebedarf, da ja nach wie vor der Studioneuling angesprochen werden soll, der vielleicht noch nie einen Synthi am Computer hängen hatte. Es gibt nun mehrere Möglichkeiten, deinen Sound aus dem Synthi in den Computer zu bekommen.

Gehen wir vom einfachsten Fall aus - du möchtest einen einzelnen Sound aufnehmen. Du verbindest einen Line Out am Synthi mit einem Line In am Interface des Computers. Dieser Eingang sollte in den Systemoptionen als Aufnahmegerät angewählt sein. Alternativ kannst du direkt in den Aufnahmeoptionen die Wahl treffen. Im Spurkopf, im Track-Editor oder im Mixer stellst du den Input der Spur noch auf Mono In. (im Spurkopf: kleines Dreieck neben Spurnamen/ Spureigenschaften/ Mono In // im Track-Editor: unter Audio In oder mit Rechtsklick auf den Aufnahme-Button // im Mixer: oben im jeweiligen Kanalzug)

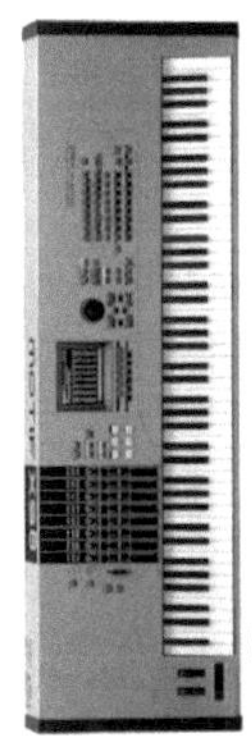
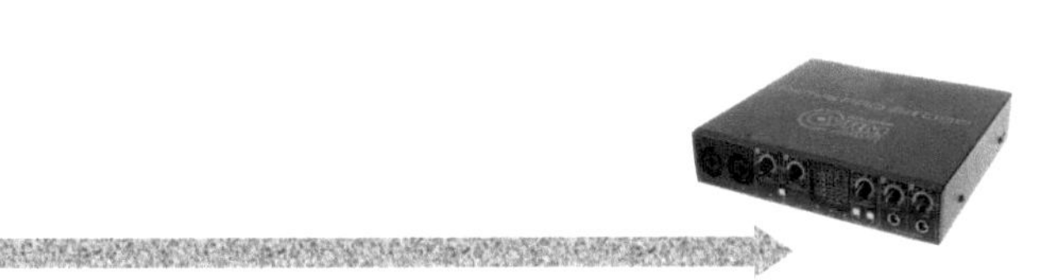

Wenn deine Gerätschaften einen Stereosound liefern und du diesen auch als solchen abgreifen möchtest, musst du halt zwei Kabel ziehen.

Die Vorgehensweise ist im Grunde die gleiche. Du verbindest den Stereo Line Out am Synthi mit zwei Line Ins am Interface des Computers. Diese Eingänge müssen wieder als Aufnahmegerät angewählt sein. Im Spurkopf, im Track-Editor oder oben im Mixer stellst du die Spur auf Stereo In, wobei dies normalerweise schon als Standard anliegt.

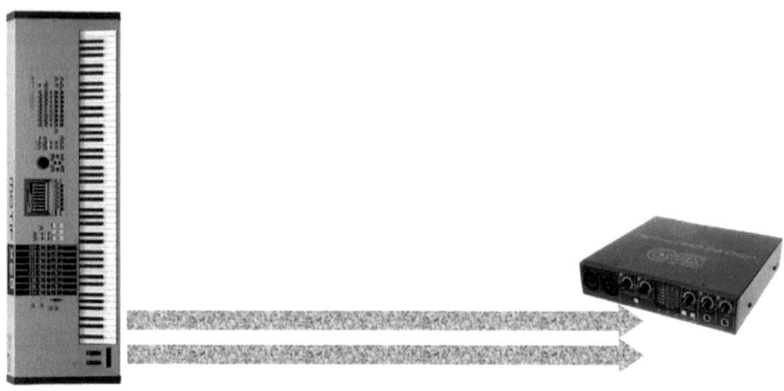

Je nach produzierter Stilrichtung können im gleichen Titel auch mehrere Spuren aus dem Synthesizer kommen - vielleicht sogar das komplette Arrangement. Dennoch werden es in den meisten Fällen wohl Einzelspuren sein, die du aufnimmst, auch wenn sich daraus am Ende wieder ein Gesamtarrangement ergeben soll, welches eventuell in deiner Workstation oder im Verbund aus mehreren Synthis vorher schon einmal da war. Wenn du blutiger Anfänger auf diesem Gebiet bist, fragst du dich vielleicht, warum man nicht einfach die Summe in den PC schiebt. Das Problem an der Geschichte ist, dass einerseits die Synthesizer und Workstations nur begrenzt tauglich dafür sind, einen für Tonträger oder andere Veröffentlichungen geeigneten Gesamtsound zu produzieren - dafür sind sie auch eigentlich nicht gebaut worden! Außerdem kannst du an einer Gesamtsumme auch nur noch in engen Grenzen manipulieren und würdest dir die Stärken des computergestützten Mixens gnadenlos selbst abgraben. Denke in diesem Zusammenhang also auch daran, zum Beispiel bei den Drums den Sound sogar noch weiter zu splitten - so wie du es für ein natürliches Schlagzeug auch machen würdest.

Für mehrere Spuren sind also mehrere Aufnahmevorgänge nach den oben gemachten Angaben nötig.

Besser dran bist du, wenn deine Workstation oder der Drumcomputer mehrere oder sogar alle Tracks separat auf Einzelausgänge führen kann. Dann ziehst du halt das Ganze als Kabelbaum zu deinem Interface und nimmst alle

Spuren in einem Rutsch auf. Dazu musst du nach der entsprechenden Verkabelung in den Mixereinstellungen (STRG+Umschalt+M) das Routing auf vorhandene Mono oder Stereo Devices umstellen [siehe Kapitel 4.3.].

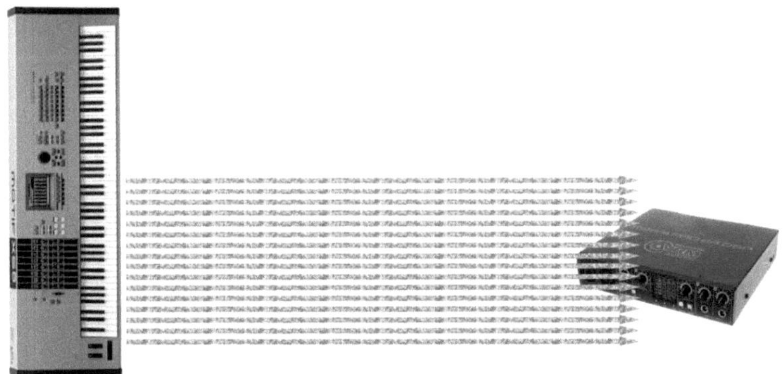

Alle bisher angesprochenen Verbindungen transportieren das analoge Audio-Signal. Wenn der Synthi dabei das Signal bereits **symmetrisch** liefert, solltest du mit Störsignalen keine Probleme haben *[siehe Studio I Kapitel 8.1.].* Für unsymmetrische Signale bietet sich der Weg über eine **DI-Box** an. Oder aber du verwendest einen **Trenntrafo**, der dir lästige Brummprobleme vom Hals schaffen kann *[siehe Studio I Kapitel 8.5.].*

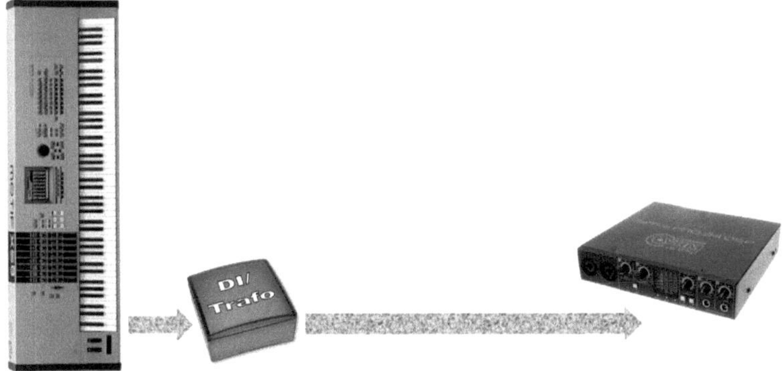

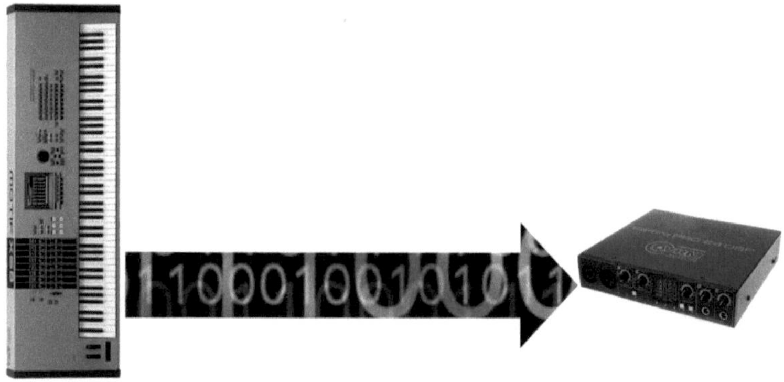

Neben der analogen Signalführung ist eine weitere Möglichkeit ein Digitalinterface, welches mehrspurigen Sound durch ein Kabel quetscht. Leider gibt es so etwas nicht an allen Instrumenten - zumindest nicht als Standardausstattung [siehe Studio I Kapitel 8.2.].

Weitere Aufnahmemöglichkeiten, die teilweise auch über akustische Wege laufen, findest du in *Studio II Kapitel 8*.

4.2. Einrichtung des MIDI-Weges

Für den professionellen Umgang mit Synthesizer-Technik kommst du im Grunde nicht drum herum, dich mit der Übertragung von MIDI-Daten zu beschäftigen. MIDI ist Jahrzehnte nach seiner Erfindung im Studioalltag noch immer eine wichtige Geschichte. Deshalb hier ein kurzer Crashkurs:

Im Jahr 1983 kam es zur Einigung über den herstellerunabhängigen Standard **MIDI** (Musical Instrument Digital Interface - digitale Anschluss- und Verbindungsmöglichkeit für Musikinstrumente). In der Anfangsphase wurden damit einfache Verbindungen zwischen beispielsweise zwei Synthesizern hergestellt. Auch das Ankoppeln an Computer war möglich. Interessant wurde MIDI aber erst, als es entsprechende Sequenzer gab, die dann vorprogrammierte Tracks auf die jeweiligen Soundmaschinen schickten.

Heute ist MIDI mehr als nur eine Kopplungsmöglichkeit. Es werden zwar immer noch Noten- und Steuerinformationen ausgetauscht und verschiedene Timecodes gesendet, aber mittlerweile sind die Anwendungsgebiete wesentlich vielfältiger geworden. Einiges reicht auch über rein musikalische Bereiche drüber hinaus.

Neuere Geräte können MIDI-Daten beispielsweise über USB übertragen. Dies vereinfacht die gesamte Verkabelung ungemein, zumal im Prinzip jeder Computer-Anwender schon mit USB zu tun hatte. Für die nachfolgenden Beispiele werde ich allerdings die klassische MIDI-Anbindung beschreiben, damit jeder Leser auch diese Variante bewältigen kann.

Wenn MIDI nicht über USB übertragen wird, erkennst du die MIDI-Fähigkeit eines Gerätes meist am sogenannten MIDI-Trio. Gemeint sind damit die drei üblichen MIDI-Anschlüsse in Form der schon älter wirkenden fünfpoligen DIN-Buchsen:

> **MIDI Out** → Hier werden Daten gesendet, die das Gerät produziert.

> **MIDI In** → Das Gegenstück; hier werden also Daten eines anderen Gerätes empfangen.

> **MIDI Thru** → Dieser dritte Anschluss ist nicht an allen Geräten vorhanden. Hier werden die am MIDI In empfangenen Daten weitergereicht, um sie als Kopie an andere Geräte zusätzlich zu senden.

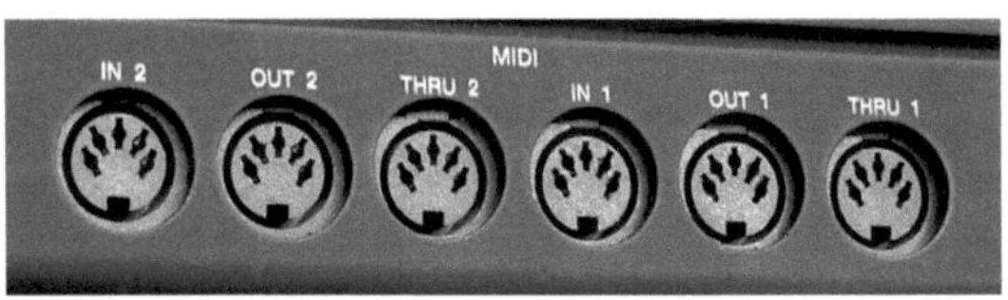

Der traditionelle MIDI-Anschluss ist im Prinzip als Einbahnstraße ausgelegt, das heißt, die Daten fließen immer nur in eine Richtung, also zum Beispiel vom MIDI Out des Computers in den MIDI In des Synthesizers. Diese Verkopplung brauchst du für folgende Fälle:

> Samplitude ist Master und der Synthesizer Slave, das heißt, das Timing des Sequenzers, des Arpeggiators oder eines Drumcomputers wird durch Samplitude vorgegeben.
> Eine MIDI-Spur von Samplitude soll auf einen Synthesizer geroutet werden, um dessen Tonerzeugung anzusteuern.

Die Einrichtung einer solchen Verbindung ist im Grunde nicht weiter schwierig. Synthesizer und PC sollten also mit einem MIDI-Kabel verbunden sein. Achte auf die richtigen Buchsen. (MIDI wird am meisten auf Bühnen und im Studio eingesetzt, wo es nicht immer gleißend hell ist. Ich frage mich bis heute, warum auf manchen Geräten die Beschriftung so praxisuntauglich gestaltet wird - schwarze Konturschrift auf schwarzem Grund!) Wenn die Hardware-Verbindung steht, geht es um die Software-Verbindung. Dafür gehst du in den System-optionen in den Bereich MIDI. Dort wählst du unter MIDI Out dein Interface an. Schon sollte Samplitude senden. Im Synthesizer musst du darauf achten, dass MIDI-Daten angenommen werden. Eventuell muss dies aktiviert und ein Eingangskanal festgelegt werden.

Um die erwähnte Timing-Steuerung zu gewährleisten, muss der Sequenzer des Synthesizers auf externes Timing gestellt werden. Je nach Gerät ist diese Option manchmal sehr versteckt in diversen Untermenüs zu finden. In Samplitude gehst du in den Synchronisationsdialog (Systemoptionen/ Projektoptionen/ Syn-chronisation oder einfach Umschalt+G). Für die Synchronisierung mit einem externen Sequenzer ist das Format MIDI Clock geeignet. Aktiviere also MC Output und stelle das Songtempo ein. Jetzt sollte der externe Sequenzer auf Samplitude reagieren.

Brauchst du eine wechselseitige MIDI-Verbindung, musst du zwei Kabel ziehen. Diese Variante kommt hier zum Beispiel zur Anwendung:

> Samplitude ist Slave und der Synthesizer Master, das heißt, das Timing wird durch den Sequenzer des Synthesizers (eher Workstation) vorgegeben. Die Noten selbst stammen aber aus einer Samplitude-Spur, die den Synthesizer ansteuert. Das geht natürlich auch mit mehreren Spuren parallel.

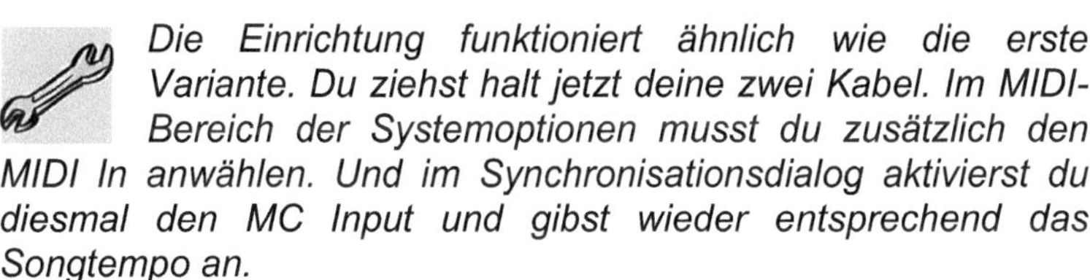

Die Einrichtung funktioniert ähnlich wie die erste Variante. Du ziehst halt jetzt deine zwei Kabel. Im MIDI-Bereich der Systemoptionen musst du zusätzlich den MIDI In anwählen. Und im Synchronisationsdialog aktivierst du diesmal den MC Input und gibst wieder entsprechend das Songtempo an.

Falls du mit einer Workstation arbeitest und in Samplitude mehrere Spuren mit MIDI-Daten belegt sind, musst du noch eine Zuordnung treffen, welche Samplitude-Spur auf welchen Sound der Workstation geroutet werden soll. Am einfachsten geht das im Track-Editor, wo du in der jeweiligen Spur im Unterordner MIDI unter Channel Out nur den MIDI-Kanal angeben musst. Damit sollte alles funktionieren.

Werden die Informationen des Computers gleich an mehreren Synthesizern benötigt, gibt es unterschiedliche Möglichkeiten, die Daten zu verteilen:

> Verkettung der Synthesizer in Reihe über MIDI Thru
> sternförmige Verteilung über eine MIDI-Thru-Box

> ➢ MIDI-Patchbay (eine Verteil-Matrix, die es mit mechanischen Umschaltern oder auch digital programmierbar gibt)
> ➢ Interface mit mehreren Ausgängen am PC

Bei der Anbindung an den PC läuft MIDI entweder über das gleiche Interface, welches auch die Audio-Kopplung erledigt, oder es wird ein separates MIDI-Interface benötigt. Unterster Standard wäre hier 1x In und 1x Out, was aber für die direkte Verteilung auf mehrere Empfangsgeräte nicht ausreicht. Und da es außerdem inzwischen auch Möglichkeiten gibt, mehr als die üblichen 16 MIDI-Kanäle zu verwalten, brauchst du für die Nutzung dieser Option sowieso mehrere MIDI Outs. Dafür werden meist sogenannte Ports definiert, die dann jeweils 16 MIDI-Kanäle anbieten und über separate Ausgänge zum Beispiel mehrere Workstations ansteuern. Damit eröffnen sich also wesentlich komfortablere Möglichkeiten, ohne den MIDI-Standard auszuhebeln.

In dem hier abgebildeten Beispiel würden Samplitude und das Interface mit zwei MIDI-Ports arbeiten. Den ersten teilen sich zwei Synthesizer, mit dem zweiten wird über komplette 16 Kanäle eine Workstation befeuert.

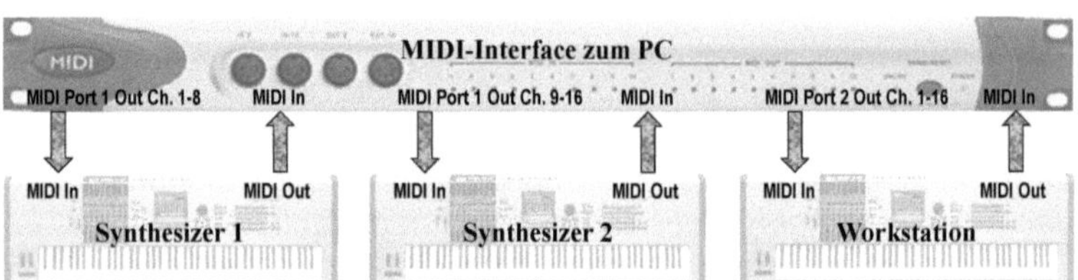

Gehen wir im Vergleich zu der Abbildung von einem vereinfachten Beispiel aus, bei welchem du die Rückwege von den Synthesizern zum PC nicht benötigst. Du musst also nur die MIDI Outs am Interface mit den MIDI Ins an den zu steuernden Geräten verbinden. Im Wesentlichen funktioniert die restliche Einrichtung einschließlich der Synchronisation so, wie es im ersten Beispiel schon beschrieben wurde. Der Unterschied ist lediglich, dass du in den jeweiligen Samplitude-Spuren im Track-Editor wieder einrichten musst, wo

deine Daten hingeschickt werden. In diesem Fall ist neben dem MIDI-Kanal (Channel Out) auch die Angabe des Ports (Out) wichtig. Und vergiss nicht, am Synthesizer wieder die Eingangskanäle zu definieren, sonst reagieren im schlimmsten Fall bei nur einem genutzten Port alle Synthesizer auf alle Spuren gleichzeitig.

Wenn dir bis hier die Angaben in Bezug auf die Theorie des MIDI-Standards noch nicht tiefgründig genug waren, dann verweise ich wieder auf *Synthi Kapitel 12.*

4.3. Beispiele für verschiedene Aufnahme-Szenarien

Bis hier haben wir besprochen, wie das Verkabeln und Einrichten funktioniert. Nun fehlt uns „nur" noch das Aufnehmen selbst. Wir schauen uns dazu mal einige verschiedene Aufnahme-Szenarien mit unterschiedlichen Geräte-Konstellationen an. Selbst wenn der Aufbau bei dir anders aussehen sollte, müsstest du aus den verschiedenen Beispielen die richtige Vorgehensweise ableiten können. {Die bereits geklärten Schritte zur Einrichtung werden ohne weitere Erklärung nur der Vollständigkeit halber in geschweiften Klammern mit erwähnt.}

Fangen wir extrem einfach an: Ein Track mit handgespieltem Synthesizersound soll aufgenommen werden. Kein Sequenzer, keine Synchronisation und demzufolge auch kein MIDI. Aufgenommen wird über ein Kabel in mono.

Die Vorgehensweise ist denkbar einfach. Wenn du bei der Verkabelung und Einrichtung des Audio-Weges alles richtig gemacht hast, liegt der Sound quasi schon an. Der Rest ist schnell geklärt:

> *{Lege den Input in den Aufnahmeoptionen fest.}*
> *{Stelle im Spurkopf, im Track-Editor oder im Mixer den Track auf Mono In.}*
> *Falls du nicht direkt am Songanfang einsteigen möchtest, bringe deine Startmarke an die gewünschte Stelle.*

> ➤ *Vergiss nicht, die Spur mit dem Record-Button zu aktivieren.*
> ➤ *Öffne die Aufnahme-Optionen (Umschalt+R) und nimm eventuell noch notwendige Einstellungen vor, wenn diese nicht automatisch richtig erscheinen (beispielsweise Speicherort und Dateinamen).*
> ➤ *Starte die Aufnahme.*

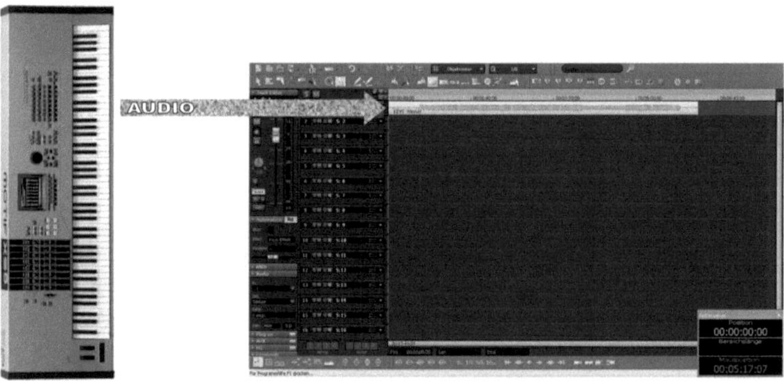

Das war nun aber wirklich Einsteiger-Niveau. Deshalb erhöhen wir den Aufwand ein wenig und gehen davon aus, dass jetzt über zwei Kabel in stereo aufgenommen wird und die Noten-informationen bereits im Sequenzer der Workstation anliegen. Die Workstation soll hierbei als Master das Tempo vorgeben. Samplitude folgt als Slave. Somit brauchen wir also auch eine MIDI-Verbindung in eine Richtung.

Achte bei der Verkabelung darauf, dass insbesondere bei Mehrspur-Interfaces die beiden zusammengehörigen Eingänge verwendet werden:

> ➤ *{Lege den Input in den Aufnahmeoptionen fest.}*
> ➤ *{Wähle in den Systemoptionen im Bereich MIDI dein verwendetes MIDI-Interface als MIDI In.}*
> ➤ *{Stelle im Spurkopf, im Track-Editor oder im Mixer den Track auf Stereo In.}*
> ➤ *{Aktiviere im Synchronisationsdialog (Umschalt+G) den MIDI Clock Input und trage das Songtempo ein.}*

> ➢ *Je nach Datenprotokoll des sendenden Synthesizers rastet im optimalsten Fall Samplitude automatisch schon an der richtigen Stelle ein. Falls nicht, musst du den Startpunkt selbst setzen.*
> ➢ *Vergiss nicht, die Spur mit dem Record-Button zu aktivieren.*
> ➢ *Öffne die Aufnahme-Optionen (Umschalt+R) und nimm eventuell noch notwendige Einstellungen vor, falls diese nicht automatisch richtig erscheinen (beispielsweise Speicherort und Dateinamen).*
> ➢ *Klicke auf Aufnahme. Samplitude wartet nun auf ankommende MIDI-Daten.*
> ➢ *Starte den externen Sequenzer.*

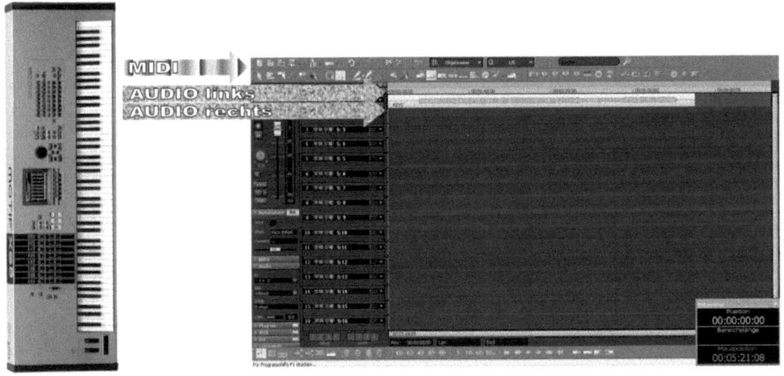

Noch komplexer wird es, wenn du mehrere Spuren einer Workstation in einem Rutsch aufnehmen möchtest. Der übliche Sequenzer wird mit 16 Spuren gefahren. Gehen wir also mal von der Maximalvariante mit allen belegten Spuren aus (in dem Fall der Einfachheit halber erst einmal 16x mono) und bauen uns daraus eine Multitrackaufnahme - das komplette Arrangement aus der Workstation wird dabei in einem einzigen Arbeitsgang in die Tracks von Samplitude eingefädelt. Auch wenn das an sich Zeit spart und nicht ständig auf richtige Startpunkte geachtet werden muss, sind natürlich die zu Anfang zu machenden Einstellungen etwas komplexer. Das Timing würde dieses Mal durch Samplitude als Master vorgegeben werden.

Achte bei der Verkabelung wieder darauf, dass Sequenzer-Spuren, Ausgänge der Workstation, Eingänge des Interfaces und Samplitude-Spuren wie gewünscht zueinander passen. Vergiss auch nicht, dass wir für MIDI dieses Mal den umgekehrten Datenstrom verwenden. Verlege also dieses Kabel oder stecke das aus dem letzten Beispiel an beiden Enden einfach um. Vergewissere dich auch, dass alle Spuren korrekt ausgepegelt sind, da dir sonst eine einzelne übersteuerte Spur den genialen Plan des kompletten Recordings kaputt macht:

- *{Lege den Input in den Aufnahmeoptionen fest.}*
- *{Wähle in den Systemoptionen im Bereich MIDI dein verwendetes MIDI-Interface als MIDI Out.}*
- *{Setze den Sequenzer auf externes Timing.}*
- *Markiere mit einem Klick auf den Spurkopf die oberste der benötigten Spuren als aktiv.*
- *Aktiviere die Mehrspuraufnahme in den Mixereinstellungen (STRG+Umschalt+M), indem du bei Routing „Alle Tracks direkt auf vorhandene Mono Devices routen" anwählst und bei I/O Devices „Record" einstellst.*
- *{Aktiviere im Synchronisationsdialog (Umschalt+G) den MIDI Clock Output und trage das Songtempo ein.}*
- *Vergiss nicht, alle 16 Spuren mit dem Record-Button zu aktivieren.*
- *Öffne die Aufnahme-Optionen (Umschalt+R) und nimm eventuell noch notwendige Einstellungen vor, falls diese nicht automatisch richtig erscheinen (beispielsweise Speicherort und Dateinamen).*
- *Bei manchen Sequenzern musst du eventuell noch auf Start drücken, damit dieser auf die ankommenden MIDI-Daten wartet.*
- *Starte die Aufnahme.*

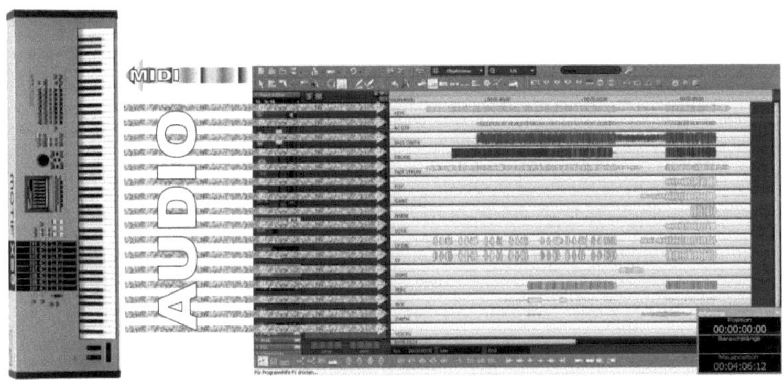

Machen wir noch ein letztes Beispiel in zwei leicht unter-schiedlichen Versionen. Dieses Mal gehen wir davon aus, dass du keinen einzelnen Synthesizer hast, sondern eine komplette Synthesizer-Anlage. Auf den ersten drei Spuren in Samplitude befinden sich bereits MIDI-Daten, die beispielsweise aufge-nommen wurden, wie es in *Kapitel 3.1.* dargestellt wurde. Diese Daten sollen nun an die jeweilige Sound-Maschine gesendet werden. Auf dem Rückweg wird dafür das Audio-Signal an Samplitude geliefert und in die nächsten drei Spuren eingeordnet.

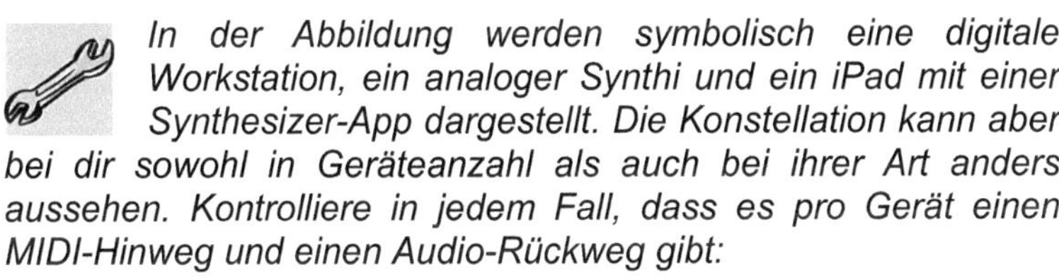

In der Abbildung werden symbolisch eine digitale Workstation, ein analoger Synthi und ein iPad mit einer Synthesizer-App dargestellt. Die Konstellation kann aber bei dir sowohl in Geräteanzahl als auch bei ihrer Art anders aussehen. Kontrolliere in jedem Fall, dass es pro Gerät einen MIDI-Hinweg und einen Audio-Rückweg gibt:

> ➢ *{Lege den Input in den Aufnahmeoptionen fest.}*
> ➢ *{Wähle in den Systemoptionen im Bereich MIDI dein verwendetes MIDI-Interface als MIDI Out.}*
> ➢ *{Lege im Track-Editor für die jeweilige MIDI-Spur fest, wo deine Daten hingeschickt werden. Gib also den MIDI-Kanal (Channel Out) an und eventuell auch den Port (Out), wenn du mehrere benutzt.}*
> ➢ *{Definiere an den Synthesizern die Eingangkanäle.}*
> ➢ *Markiere mit einem Klick auf den Spurkopf die oberste der benötigten Spuren als aktiv.*

> ➢ *Aktiviere die Mehrspuraufnahme in den Mixer-einstellungen (STRG+Umschalt+M), indem du bei Routing „Alle Tracks direkt auf vorhandene Mono Devices routen" anwählst und bei I/O Devices „Record" einstellst.*
> ➢ *Vergiss nicht, die benötigten Audio-Spuren mit dem Record-Button zu aktivieren.*
> ➢ *Öffne die Aufnahme-Optionen (Umschalt+R) und nimm eventuell noch notwendige Einstellungen vor, falls diese nicht automatisch richtig erscheinen (beispielsweise Speicherort und Dateinamen).*
> ➢ *Starte die Aufnahme.*

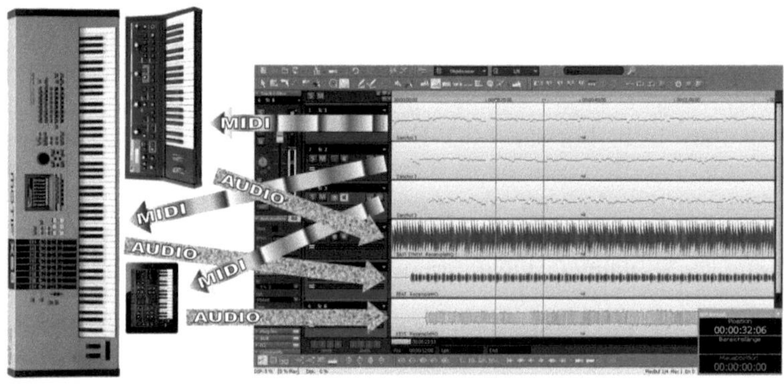

Für die zweite Version dieses Aufbaus ändern wir zwei Rahmen-bedingungen, damit du auch mit diesen Gegebenheiten zurecht-kommst. Einerseits gehen wir davon aus, dass die Workstation und das iPad jeweils ein Stereo-Signal senden, was so auch aufgezeichnet werden soll, während wir für den Analog-Synthi bei mono bleiben. Andererseits ändern wir die Spurzuordnung, so dass sich auf den ungeraden Spuren die MIDI-Daten befinden und auf den zugehörigen geraden dann die Audio-Aufnahmen landen sollen.

Diese Aufteilung ist insgesamt recht übersichtlich, hat aber den Nachteil, dass du bei jeder Audio-Spur einzeln den Input angeben musst. Da aber eine Mischung aus mono und stereo vorliegt, wäre dies sowieso notwendig gewesen:

- ➢ *{Lege den Input in den Aufnahmeoptionen fest.}*
- ➢ *{Wähle in den Systemoptionen im Bereich MIDI dein verwendetes MIDI-Interface als MIDI Out.}*
- ➢ *{Lege im Track-Editor für die jeweilige MIDI-Spur fest, wo deine Daten hingeschickt werden. Gib also den MIDI-Kanal (Channel Out) an und eventuell auch den Port (Out), wenn du mehrere benutzt.}*
- ➢ *{Definiere an den Synthesizern die Eingangkanäle.}*
- ➢ *Markiere mit einem Klick auf den Spurkopf die oberste der benötigten Spuren als aktiv.*
- ➢ *Stelle im Track-Editor den Track auf Mono In und wähle den entsprechenden Kanal der Soundkarte, auf dem (in diesem Fall) das Signal des Analog-Synthis anliegt.*
- ➢ *Stelle im Track-Editor der beiden anderen Spuren die Tracks auf Stereo In und wähle das entsprechende Kanal-Paar der Soundkarte, auf dem (in diesem Fall) das Signal der Workstation bzw. des iPads anliegt.*
- ➢ *Vergiss nicht, die benötigten Audio-Spuren mit dem Record-Button zu aktivieren.*
- ➢ *Öffne die Aufnahme-Optionen (Umschalt+R) und nimm eventuell noch notwendige Einstellungen vor, falls diese nicht automatisch richtig erscheinen (beispielsweise Speicherort und Dateinamen).*
- ➢ *Starte die Aufnahme.*

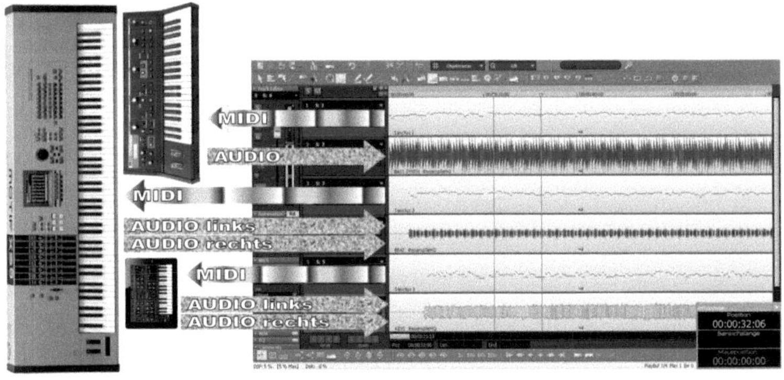

Achte vor allem bei Aufnahmen, die dem letzten Beispiel entsprechen, darauf, dass Stereo-Signale im Normalfall paarweise - beginnend mit einem ungeraden Kanal - in den Menüs angeboten werden. In unserem Beispiel würde die Kanalzuordnung so aussehen:

> ➢ Spur 2 - Kanal 1
> ➢ Spur 4 - Kanal 3+4
> ➢ Spur 6 - Kanal 5+6

Kanal 2 bleibt also unbenutzt. Dies musst du gleich beim Verkabeln beachten oder alternativ die Spuren anders anordnen.

Eine weitere Sache möchte ich noch kurz erwähnen. Um absolute Synchronität zu erreichen, ist es bei der Arbeit mit externen Effekten oder eben auch mit Synthesizern notwendig, die technisch bedingte Verzögerungszeit, die aus dem Hin- und Rückweg von Daten oder Audio-Signalen entsteht (Latenz), zu kompensieren. Samplitude hat hier vorgesorgt. Unter Datei/ Eigenschaften des Projekts/ Externe Effekte kannst du in einer Tabelle Input und Output Device angeben und die Latenz automatisch erkennen lassen.

5. Akustik-Aufnahmen

Befrage das Manual:
- Systemoptionen/ Audioeinstellungen und Audiogeräte
- Audio In (Spurkopf, Track-Editor oder Kanalzug im Mixer)
- Mehrspuraufnahme
- Projektoptionen/ Mixereinstellungen
- Track-Editor
- Aufnahmeoptionen
- Phasenumkehrschalter
- Korrelationsmesser
- MS-Verarbeitung

Akustische Aufnahmen macht man mit Mikrofonen. Das dürfte dir klar gewesen sein. Wenn du allerdings noch nicht viel mit dieser Materie zu tun hattest, wirst du erstaunt sein, wie vielfältig die Welt der Mikrofone ist. Ein paar Fachbegriffe will ich mal als Denkanstoß in die Runde werfen. Wenn du merkst, dass du mit diversen Dingen davon nicht vertraut bist, solltest du dich etwas informieren, bevor du dich in die Aufnahmen stürzt. Ausführliche Informationen findest du unter anderem in *Studio I Kapitel 4*.

Eine mögliche Einteilung der Mikrofone erfolgt nach Empfänger-prinzipien:

> - Druckempfänger
> - Druckgradientenempfänger

Relevanter für dich dürfte aber die Einteilung nach Wandler-prinzipien sein. (Die beiden wichtigsten habe ich markiert.)

> - **dynamisches Mikrofon**
> - Bändchen-Mikrofon
> - **Kondensator-Mikrofon**
> - Elektretkondensator-Mikrofon
> - Röhren-Mikrofon
> - Grenzflächen-Mikrofon
> - Piezo-Mikrofon

Im Studio wirst du überwiegend mit Kondensator-Mikrofonen zu tun haben. Dabei solltest du eine Eigenheit dieser Mikrofonart beachten: Wie du aus dem Physik-Unterricht vielleicht noch weißt, arbeitet ein Kondensator nur, wenn er geladen wird. Und bei unseren Mikros bedeutet das, dass eine Arbeitsspannung zugeführt werden muss. Üblicherweise sind dies 48 Volt, und in Fachkreisen wird das Ganze als **Phantomspeisung** bezeichnet. Diese wird über das ganz normale Anschlusskabel mit transportiert. Allerdings muss sie auch irgendwo herkommen. Wenn du ein Hardware-Mischpult benutzt, dann hast du vielleicht schon das kleine Knöpfchen (zum Beispiel „48 V") entdeckt. Es gibt aber auch Mischpulte ohne Phantompower. Und bei Soundkarten und manchen Audio-Interfaces kann dir das ebenso passieren. Dann müsstest du ein Vorschaltgerät in den Kabelstrang einfügen.

Die dritte Kategorie der Mikrofonparameter ist die Richtcharakteristik:

> Kugel
> Niere
> Superniere
> Hyperniere
> Acht

Für Raum- und Ensembleaufnahmen ergeben sich verschiedene Stereo-Verfahren:

> Intensitätsstereofonie (XY, MS, Blumlein)
> Laufzeitstereofonie (AB)
> Äquivalenzstereofonie (ORTF, OSS)

Und auch von diesen Dingen solltest du schon gehört haben:

> Nahbesprechungseffekt
> Low Cut
> Grenzschalldruck
> Übertragungsbereich

Nachfolgend schauen wir uns nun mal an, wie die eigentlichen Aufnahmen bewerkstelligt werden. Welche Mikrofone wofür und in welcher Aufstellung dabei verwendet werden, wird in *Studio II* in mehreren Kapiteln ausführlich geklärt. Ich setze hier direkt bei der Aufnahme an.

5.1. Drums/ Perkussion/ Cajon

Eine gute **Schlagzeugaufnahme** hat eigentlich immer auch mit entsprechendem Aufwand zu tun *[siehe Studio II Kapitel 3]*. Das geht los bei der Mikrofonierung mit einer Mikrofonanzahl, die gern schon mal das kleine Projektstudio an die Grenzen bringt. Und jedes Mikro bedeutet letztlich auch eine Aufnahmespur in Samplitude. Da ja logischerweise alle Signale simultan aufgezeichnet werden müssen, reicht uns hier eine Stereo-Soundkarte nicht mehr. Obwohl ...

... in einer sehr einfachen Variante kann ein Schlagzeug auch mit zwei Mikrofonen aufgenommen werden - eines als Overhead und eines als Stütze für die Bass Drum. Die Vorgehensweise in Samplitude entspricht der einer Mehrspuraufnahme und ist nicht weiter kompliziert:

> *Lege den Input in den Aufnahmeoptionen fest.*
> *Markiere mit einem Klick auf den Spurkopf die oberste der benötigten Spuren als aktiv.*
> *Aktiviere die Mehrspuraufnahme in den Mixereinstellungen (STRG+Umschalt+M), indem du bei Routing „Alle Tracks direkt auf vorhandene Mono Devices routen" anwählst und bei I/O Devices „Record" einstellst.*
> *Vergiss nicht, die beiden Spuren mit dem Record-Button zu aktivieren.*
> *Öffne die Aufnahme-Optionen (Umschalt+R) und nimm eventuell noch notwendige Einstellungen vor, falls diese nicht automatisch richtig erscheinen (beispielsweise Speicherort und Dateinamen).*
> *Starte die Aufnahme.*

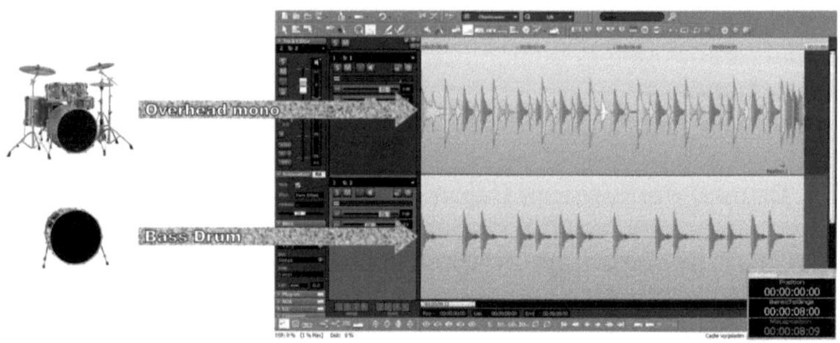

Stellen wir uns als Gegenpart nun eine sehr aufwändige Variante vor, in der es für jede Drum-Komponente ein Mikrofon gibt. Für die Bass Drum und die Snare werden vielleicht sogar mehrere Mikros verschiedenen Typs oder in unterschiedlichen Positionen verwendet. Auch die Overheads sollen dieses Mal ein Stereo-Signal liefern, so dass sie als XY- oder AB-Anordnung laufen *[siehe Studio I Kapitel 4.4.]*. Damit bekommst du eine stattliche Summe an gleichzeitigen Mikro-Signalen, für die selbst ein 16-kanaliges Interface nicht ausreicht. (Auf der Abbildung wird symbolisch nur mit sieben Spuren gearbeitet, um die Lesbarkeit noch zu gewährleisten. Für das nachfolgende Verfahren macht das aber keinen Unterschied.)

Der eigentliche Aufwand ist hier mit Sicherheit die Aufstellung und das Verkabeln der Mikrofone. In Samplitude ändert sich von der Vorgehensweise eigentlich kaum etwas:

> *Lege den Input in den Aufnahmeoptionen fest.*
> *Verbinde die beiden Overhead-Spuren im Mixer mit dem Link-Button (kleiner Schalter neben der Spurnummer unter dem Pan-Regler). Ziehe dann in der linken dieser Spuren den Pan-Regler nach ganz links. Die andere Spur regelt sich automatisch nach rechts.*
> *Markiere mit einem Klick auf den Spurkopf die oberste der benötigten Spuren als aktiv.*
> *Aktiviere die Mehrspuraufnahme in den Mixereinstellungen (STRG+Umschalt+M), indem du bei*

Routing „Alle Tracks direkt auf vorhandene Mono Devices routen" anwählst und bei I/O Devices „Record" einstellst.

> *Vergiss nicht, alle benötigten Spuren mit dem Record-Button zu aktivieren.*
> *Öffne die Aufnahme-Optionen (Umschalt+R) und nimm eventuell noch notwendige Einstellungen vor, falls diese nicht automatisch richtig erscheinen (beispielsweise Speicherort und Dateinamen).*
> *Starte die Aufnahme.*

Alternativ kannst du wie beim letzten Beispiel in *Kapitel 4.3.* die Overheads auch als Stereo-Spur fahren. So ist es auch nachfolgend abgebildet. Allerdings muss dann die Zuordnung der Kanäle zu den Spuren wieder manuell erfolgen.

Für **Perkussionaufnahmen** kannst du im Grunde so vorgehen, wie es gerade für das Schlagzeug beschrieben wurde. Wenn du es mit einem ganzen Perkussion-Ensemble zu tun hast, eignen sich eventuell auch die Hinweise, die im *Kapitel 9* gegeben werden.

Das **Cajon** ersetzt in dem einen oder anderen Titel das konventionelle Schlagzeug vielleicht völlig. Für einen optimalen Klang muss aber die Mikrofonierung stimmen *[siehe Studio II Kapitel 7.7.]*.

 *Um sowohl einen satten Bass als auch einen präsenten Snare-Teppich zu bekommen, würde ich dir zu zwei Mikrofonen raten. Diese werden beide mittig im Panorama platziert. Die restliche Vorgehensweise entspricht der Schlagzeugaufnahme mit zwei Mikros.*

Sobald du mit mehreren Mikros die gleiche Schallquelle aufnimmst, vervielfacht sich die Zahl der möglichen Soundprobleme. Eines davon ist, dass du dir ganz schnell Phasenschweinereien einhandelst. Da diese im Wesentlichen auch in der Nachbearbeitung nicht mehr zu korrigieren sind, solltest du also gleich in der Aufnahmephase diese Fehler vermeiden. Als Faustregel hat sich bewährt, den Abstand der Mikros zur Schallquelle mit 3 zu multiplizieren, um den Mindestabstand der Mikrofone zueinander zu erhalten. Diesen Richtwert solltest du aber auf jeden Fall per akustischer und optischer Rückkontrolle überprüfen. Betätige dazu mehrmals den Phasenumkehrschalter im Mixer (neben dem Pan-Regler) und vergleiche per Höreindruck, ob sich Signalanteile auslöschen. Wähle die klanglich bessere Variante und optimiere ruhig auch noch ein wenig die Aufstellung. Für die optische Rückkontrolle eignet sich ganz gut der Korrelationsmesser *[siehe Kapitel 2.4. und Studio I Kapitel 7.2.].* An diesem kannst du ablesen, wie hoch der Monoanteil beider Kanäle ist, nachdem du sie aber vorher unbedingt nach links und rechts im Panorama legen musst. Bei ziemlichem Rechtsausschlag ist alles in Ordnung.

5.2. Akustik-Gitarre/ andere Akustik-Instrumente

Akustische Instrumente nimmst du mit einem oder auch mit mehreren Mikrofonen auf. Stellvertretend für diese große Instrumentengruppe wird das Vorgehen am Beispiel der akustischen Gitarre erklärt. Das nötige Hintergrundwissen zu den verwendeten Mikrofontypen und deren Aufstellung sowie eventuelle Besonderheiten bei anderen akustischen Instrumenten bekommst du wieder in *Studio II Kapitel 6* erklärt. Wir setzen wiederum direkt bei der Aufnahme an.

Die einfachsten Aufnahmeverfahren arbeiten mit einem einzigen Mikrofon in Stegnähe oder in Höhe des zwölften Bundes. Die Aufnahmeeinstellungen dafür sind relativ einfach:

> *Lege den Input in den Aufnahmeoptionen fest.*
> *Stelle im Spurkopf, im Track-Editor oder im Mixer den benötigten Track auf Mono In [siehe Kapitel 4.1.].*
> *Vergiss nicht, die Spur mit dem Record-Button zu aktivieren.*
> *Öffne die Aufnahme-Optionen (Umschalt+R) und nimm eventuell noch notwendige Einstellungen vor, falls diese nicht automatisch richtig erscheinen (beispielsweise Speicherort und Dateinamen).*
> *Starte die Aufnahme.*

Gern wird mit zwei Mikrofonen gearbeitet. Zum Beispiel kannst du Steg- und Halsmikro einfach miteinander kombinieren. Oder du willst mehr klanglichen Bauch und richtest eines der Mikros von hinten auf den Korpus. Unabhängig von der Aufstellung nimmst du die Mikros natürlich auf getrennte Spuren auf, um dann im Mischprozess durch Ausbalancieren den Endsound zu finden:

> *Lege den Input in den Aufnahmeoptionen fest.*
> *Markiere mit einem Klick auf den Spurkopf die oberste der benötigten Spuren als aktiv.*
> *Aktiviere die Mehrspuraufnahme in den Mixer-einstellungen (STRG+Umschalt+M), indem du bei Routing „Alle Tracks direkt auf vorhandene Mono Devices routen" anwählst und bei I/O Devices „Record" einstellst.*
> *Vergiss nicht, die beiden Spuren mit dem Record-Button zu aktivieren.*
> *Öffne die Aufnahme-Optionen (Umschalt+R) und nimm eventuell noch notwendige Einstellungen vor, falls diese nicht automatisch richtig erscheinen (beispielsweise Speicherort und Dateinamen).*
> *Starte die Aufnahme.*

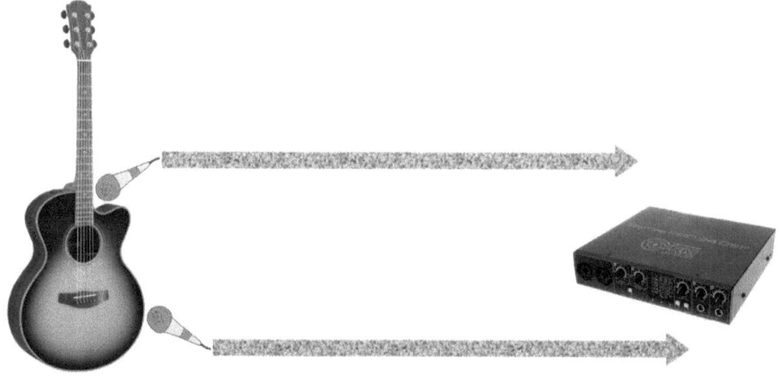

Wenn die Gitarre im Arrangement insgesamt etwas größer wirken soll, kannst du die beiden Mikros auch als Stereo-Anordnung sehen und die Spuren nach links und rechts legen. Überprüfe aber, ob das Ganze auch wirklich monokompatibel ist:

> *Ziehe die beiden zugehörigen Panoramaregler nach links bzw. rechts. Das muss auch nicht immer bis zum Anschlag sein!*
> *Wenn nicht sowieso sichtbar, dann öffne die Visualisierung (Strg+Umschalt+Alt+V) und dort dann*

den Korrelationsmesser. Überprüfe die Monokompatibilität.

Für mehr Natürlichkeit kannst du an Stelle von künstlichem Hall auch echten Raumklang mit aufzeichnen (wenn dein Raum entsprechend klingt). Dazu ist die Aufstellung von ein bis zwei Raummikros in bis zu vier Metern Entfernung möglich. Mehr Raum verwischt zwar die Details, aber er hilft bei der Einbettung in ein Arrangement. Außerdem ist der Raumanteil bei dieser Variante ja regelbar. Schön klingt zum Beispiel, wenn das Hauptmikro in die Stereomitte gelegt wird und du zwei Raummikros dezent auf links und rechts dazugibst:

> *Lege den Input in den Aufnahmeoptionen fest.*
> *Verbinde die beiden Spuren der Raummikros im Mixer mit dem Link-Button (kleiner Schalter neben der Spurnummer unter dem Pan-Regler). Ziehe dann in der linken dieser Spuren den Pan-Regler nach ganz links. Die andere Spur regelt sich automatisch nach rechts.*
> *Regle die Lautstärke der Raumspuren so weit zurück, dass der Raumklang den Direktklang nicht zu sehr zudeckt (Feinarbeit erfolgt später beim Mixdown).*
> *Markiere mit einem Klick auf den Spurkopf die oberste der benötigten Spuren als aktiv.*
> *Aktiviere die Mehrspuraufnahme in den Mixereinstellungen (STRG+Umschalt+M), indem du bei Routing „Alle Tracks direkt auf vorhandene Mono Devices routen" anwählst und bei I/O Devices „Record" einstellst.*
> *Vergiss nicht, alle benötigten Spuren mit dem Record-Button zu aktivieren.*
> *Öffne die Aufnahme-Optionen (Umschalt+R) und nimm eventuell noch notwendige Einstellungen vor, falls diese nicht automatisch richtig erscheinen (beispielsweise Speicherort und Dateinamen).*
> *Starte die Aufnahme.*

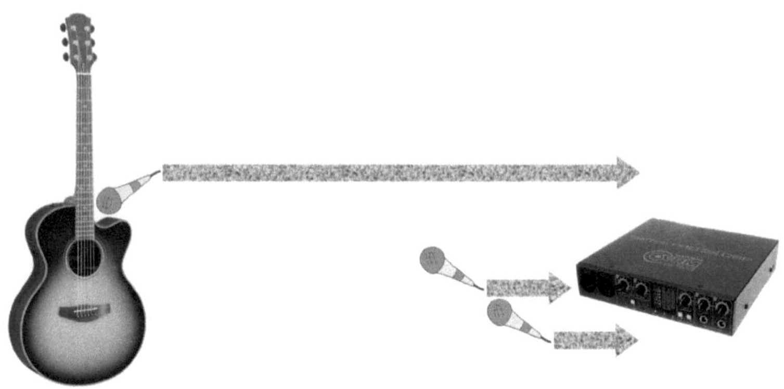

Eine andere sehr ausgewogen klingende Möglichkeit ist es, eine Mikrofonierung in MS-Anordnung einzusetzen. [siehe Studio I Kapitel 4.4.]. Der Vorteil ist, dass du im Mischprozess den Mitte- und Seitenanteil separat regeln kannst, und das nicht nur für die Lautstärke-Einstellung:

> *Lege den Input in den Aufnahmeoptionen fest.*
> *Stelle im Spurkopf, im Track-Editor oder im Mixer den benötigten Track auf Mono In [siehe Kapitel 4.1.].*
> *Vergiss nicht, die Spur mit dem Record-Button zu aktivieren.*
> *Öffne die Aufnahme-Optionen (Umschalt+R) und nimm eventuell noch notwendige Einstellungen vor, falls diese nicht automatisch richtig erscheinen (beispielsweise Speicherort und Dateinamen).*
> *Starte die Aufnahme.*

Bei MS-Stereofonie ist die Aufnahme aber nur die halbe Miete. Um auch wirklich ein Stereo-Signal zu erhalten, müssen nachträglich noch Einstellungen vorgenommen werden:

> *Kopiere zunächst das aufgenommene Material auf eine zweite Spur.*
> *Gehe für die erste Spur in den Stereo-Editor (Rechtsklick im Track-Editor oder im Mixer auf den*

Panorama-Regler) und wähle das Preset „[1] Left channel only"
> *Gehe für die zweite Spur in den Stereo-Editor und wähle das Preset „[A] Side signal (stereo) (from MS source)"*

Als Ergebnis solltest du jetzt wieder ein Stereo-Signal anliegen haben, bei welchem du aber über das Volumen der beiden Spuren das Verhältnis von Mitte und Seite regelst - nicht links und rechts! Damit das alles auch funktioniert, musst du dich aber streng an die MS-Spezifikationen halten (Kapseln übereinander/ phasenrichtige Seite des Achter-Mikros zeigt nach links/ „linkes" Signal der Aufnahme stammt vom Mittenmikro; „rechtes" Signal vom Seitenmikro) *[siehe Studio I Kapitel 4.4.].*

5.3. Solo-Vocals

Es ist im Grunde nicht schwierig, mit Samplitude Gesangsaufnahmen anzufertigen, da ja nur eine Spur mit Material gefüllt wird. Das Komplizierte ist eigentlich das Finden und Einrichten der richtigen Hardware. Gemeint sind Mikrofontypen, Mikrofonposition und -abstand und andere Parameter. Angaben hierzu findest du wiederum in *Studio II Kapitel 9.*

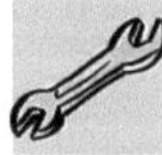

Da die Aufnahme eines einzelnen akustischen Signals schon bei der Akustik-Gitarre beschrieben wurde, möchte ich mich an dieser Stelle nicht wiederholen.

Eines solltest du bei der Gesangsaufnahme beachten. Der Dynamikumfang (also der Abstand zwischen leisester und lautester Stelle) kann bei Vocals je nach Titel größer sein als bei Instrumentalaufnahmen. Wähle also einen entsprechenden Headroom beim Aussteuern.

Nochmal zurück zum Mikrofonabstand. Der ideale Abstand ist Geschmackssache. Selbst der gleiche Sänger klingt in Titeln verschiedenen Stils unterschiedlich. Wenn in einer sanften Ballade der **Nahbesprechungseffekt** genutzt werden soll, dann verringere den Abstand *[siehe Studio I Kapitel 4.1.]*. Ist hingegen der Sänger einer der eher unruhigen Sorte, dann sollte der Abstand generell größer sein, da sich die entstehenden Lautstärkeschwankungen dann nicht so vordergründig bemerkbar machen.

6. E-Gitarre und E-Bass

Befrage das Manual:
- 📖 Systemoptionen/ Audioeinstellungen und Audiogeräte
- 📖 Audio In (Spurkopf, Track-Editor oder Kanalzug im Mixer)
- 📖 Mehrspuraufnahme
- 📖 Projektoptionen/ Mixereinstellungen
- 📖 Track-Editor
- 📖 Aufnahmeoptionen
- 📖 Vandal

Für elektrische Gitarren gibt es mehrere Aufnahmemöglichkeiten. Grundsätzlich gilt es zu entscheiden, ob mit Verkabelung oder mit Mikrofontechnik gearbeitet wird. Ja, richtig gehört. Besonders bei der E-Gitarre ist es üblich, die Soundformung, die durch den Gitarrenverstärker geliefert wird, mit einer akustischen Aufnahme zu verewigen. Tiefgründigere Informationen hierzu erhältst du in *Studio II Kapitel 4 und 5.*

Für die Arbeit mit Samplitude ähnelt die Vorgehensweise bei verkabelten Varianten denen der Synthesizeraufnahme aus *Kapitel 4*, während die Akustikvarianten wiederum mit den Aufnahmen aus *Kapitel 5* vergleichbar sind.

6.1. Verkabelte Varianten

Die Varianten mit angekabelter Gitarre werden im Studio eher weniger angewandt, sind aber gerade für den Einsteiger, der sich vor komplizierter Mikrofonierung fürchtet oder einfach das benötigte Material nicht hat, durchaus interessant. Auch im Hinblick auf die Möglichkeiten von Samplitude (Vandal) ergeben sich spannende Anwendungen.

Eine erste Kabelvariante ist der Anschluss der Gitarren mit einem zwischengeschalteten **Modeling Amp**. Eventuell bringt der Gitarrist auch solch ein Teil mit. Dies sind im Grunde sehr praktische kompakte Geräte, die für den Gitarristen alles Wichtige an Bord haben. Neben Equalizer und einigen Effekten werden vor allem, wie die Bezeichnung schon sagt, verschiedene Verstärker-modelle simuliert. Das ist klanglich flexibel, du hörst sofort das Ergebnis und kannst die Mikrofonierung eines echten Verstärkers umgehen.

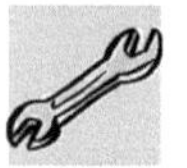 *Die Aufnahme in Samplitude unterscheidet sich nicht in dem, was beim Synthesizer schon beschrieben wurde, da ja quasi ein fertiges Line-Signal angeschlossen wird, welches nur in eine Spur eingefädelt werden muss. Wenn du einen Modeling Amp hast, mache einfach mal eine Test-aufnahme:*

> *Lege den Input in den Aufnahmeoptionen fest.*
> *Stelle im Spurkopf, im Track-Editor oder im Mixer den Track auf Mono In* [siehe Kapitel 4.1.].
> *Vergiss nicht, die Spur mit dem Record-Button zu aktivieren.*
> *Öffne die Aufnahme-Optionen (Umschalt+R) und nimm eventuell noch notwendige Einstellungen vor, wenn diese nicht automatisch richtig erscheinen (beispielsweise Speicherort und Dateinamen).*
> *Starte die Aufnahme.*

E-Bass und E-Gitarre kannst du aber auch über eine **DI-Box** zu deinem Aufnahmegerät leiten *[siehe Studio I Kapitel 8.1.]*. Oder dein Interface hat einen speziellen Instrumenten-Eingang (High-

Z), an den du die Gitarre ohne Umweg anschließt. In beiden Fällen nimmst du dann quasi nur den Rohklang der Gitarre auf und formst erst mit Samplitude (zum Beispiel mit dem Modul Vandal) den eigentlichen Sound. Das ist sehr flexibel, da im späteren Mischprozess immer noch Änderungen an den Gitarreneffekten möglich sind. Damit dem Gitarristen beim Spielen die genauen Soundvorstellungen nicht fehlen, muss aber das Monitoring stimmen *[siehe Kapitel 7]*.

 *Probieren wir es aus. Wenn du die Gitarre über die DI-Box oder direkt mit deinem Interface verkabelt hast, sollte der Rohsound entsprechend anliegen. Das Weitere wird in Samplitude geklärt:*

> *Lege den Input in den Aufnahmeoptionen fest.*
> *Stelle im Spurkopf, im Track-Editor oder im Mixer den Track auf Mono In* [siehe Kapitel 4.1.].
> *Wähle Vandal als PlugIn.*
> *Suche dir für unser Übungsbeispiel eine fertige Preset-Konfiguration.*
> *Stelle bei den Audioeinstellungen in den Systemoptionen (Taste Y) das Monitoring auf „Track FX Monitoring".*
> *Vergiss nicht, die Spur mit dem Record-Button zu aktivieren.*
> *Öffne die Aufnahme-Optionen (Umschalt+R) und nimm eventuell noch notwendige Einstellungen vor, wenn diese nicht automatisch richtig erscheinen (beispielsweise Speicherort und Dateinamen).*
> *Starte die Aufnahme.*

6.2. Akustische Varianten

Kommen wir zu Aufnahmeszenarien, in denen der jeweilige Gitarrenverstärker über Mikrofon abgenommen wird. Wenn du so etwas noch nicht gemacht hast, erfährst du dazu in *Studio II Kapitel 4 und 5*, welches Mikro du in welchem Abstand wie aufstellen solltest. Nebenbei möchte ich aber hier noch einmal einige Grundsätze der Amp-Mikrofonierung kurz anreißen:

> ➢ Die Qualität und Bauform des Verstärkers ist klanglich sehr entscheidend. Manche kleinen Amps klingen bei naher Mikrofonierung durchaus besser als große Amps.
> ➢ Stelle den Verstärker möglichst nicht auf den Boden, sondern eher etwas erhöht und am besten etwas angeschrägt.
> ➢ Bei Boxen mit mehreren Membranen solltest du zunächst per Hörtest herausfinden, welche am besten klingt.
> ➢ Für die Mikrofonierung ist die Positionierung des Mikros von großer Bedeutung. Das betrifft die Position, den Winkel und den Abstand. (Der Sound ist in der Mitte höhenreicher und am Rand eher voller.)

Die Aufnahme selbst ist wieder relativ einfach, da nur ein einzelnes Signal aufgezeichnet wird. Aufpassen solltest du beim Auspegeln, da der Ausgangssound (je nach Verstärker) schon relativ energiereich sein kann. Hierzu musst du ein geeignetes Verhältnis von Ausgangslautstärke des Verstärkers und der Einstellung des Aufnahmepegels finden. Ist dein Verstärker zu leise und demzufolge die Einstellung des Aufnahmepegels höher, nimmst du mehr vom Grundrauschen der Box und eventuell sogar von Nebengeräuschen auf. Ist die Box zu laut, nimmt es vielleicht dein Mikro übel und bratzelt:

> ➢ *Lege den Input in den Aufnahmeoptionen fest.*
> ➢ *Stelle im Spurkopf, im Track-Editor oder im Mixer den benötigten Track auf Mono In [siehe Kapitel 4.1.].*
> ➢ *Vergiss nicht, die Spur mit dem Record-Button zu aktivieren.*
> ➢ *Öffne die Aufnahme-Optionen (Umschalt+R) und nimm eventuell noch notwendige Einstellungen vor, falls diese nicht automatisch richtig erscheinen (beispielsweise Speicherort und Dateinamen).*
> ➢ *Starte die Aufnahme.*

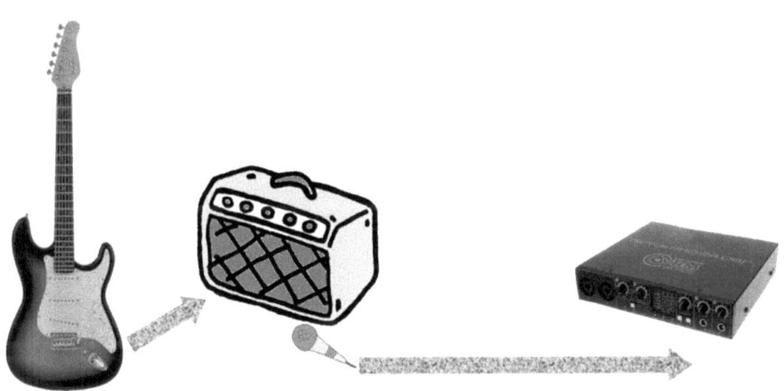

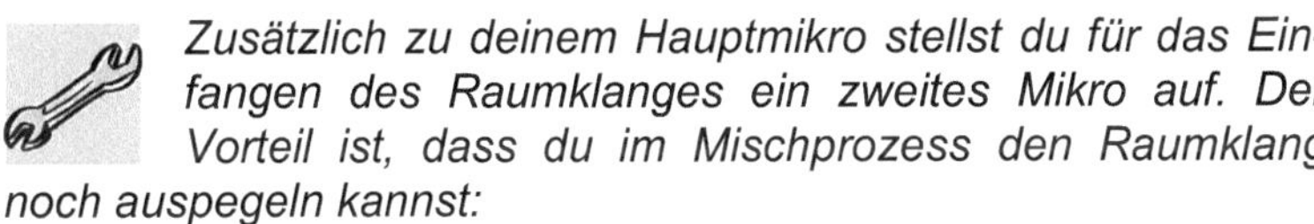

Wenn du einen gut klingenden Raum hast und dieser bei der Aufnahme einen größeren Einfluss haben soll, kannst du das Mikro auch mal bis zu einem halben Meter vom Amp wegrücken. Eleganter ist hier allerdings die nachfolgende Variante:

Zusätzlich zu deinem Hauptmikro stellst du für das Einfangen des Raumklanges ein zweites Mikro auf. Der Vorteil ist, dass du im Mischprozess den Raumklang noch auspegeln kannst:

> *Lege den Input in den Aufnahmeoptionen fest.*
> *Markiere mit einem Klick auf den Spurkopf die oberste der benötigten Spuren als aktiv.*
> *Aktiviere die Mehrspuraufnahme in den Mixereinstellungen (STRG+Umschalt+M), indem du bei Routing „Alle Tracks direkt auf vorhandene Mono Devices routen" anwählst und bei I/O Devices „Record" einstellst.*
> *Vergiss nicht, die beiden Spuren mit dem Record-Button zu aktivieren.*
> *Öffne die Aufnahme-Optionen (Umschalt+R) und nimm eventuell noch notwendige Einstellungen vor, falls diese nicht automatisch richtig erscheinen (beispielsweise Speicherort und Dateinamen).*
> *Starte die Aufnahme.*

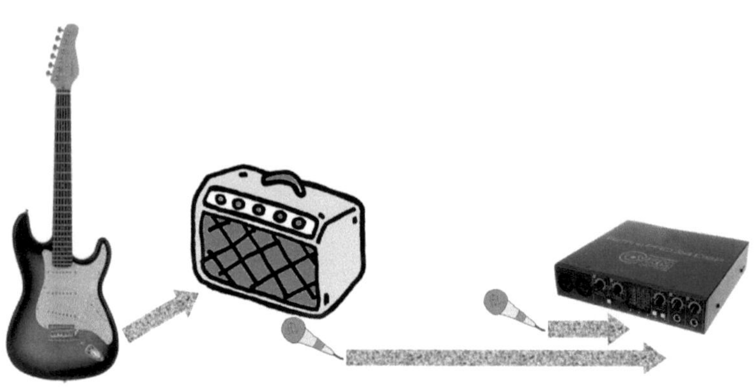

7. Monitoring während der Aufnahme

Befrage das Manual:
- Systemoptionen/ Audioeinstellungen und Audiogeräte
- Audio In (Spurkopf, Track-Editor oder Kanalzug im Mixer)
- Aufnahmeoptionen
- Systemoptionen/ Audioeinstellungen
- Globale Schaltflächen
- AUX-Routing
- Mixer
- Equalizer

Monitoring im Studio bedeutet zweierlei. Einerseits ist eigentlich ganz klar, dass über entsprechende Monitor-Boxen die akustische Rückkontrolle für den Produzenten am Mischpult oder in unserem Fall am PC erfolgen muss. Wenn du noch keine Monitor-Boxen hast und nur über Kopfhörer oder HiFi-Anlage arbeitest, solltest du dir schleunigst ein paar ernsthafte Gedanken zu diesem Thema machen *[siehe Studio I Kapitel 6]*.

Monitoring im Studio ist aber mehr als nur das Abhören beim Mischen. Bei der Aufnahme braucht natürlich auch der Musiker eine entsprechende Rückkontrolle. Vor allem um dieses Monitoring soll es uns nachfolgend gehen.

7.1. Allgemeine Grundsätze

Die angesprochene Rückkontrolle funktioniert bei Aufnahmen, bei welchen keine Mikros zum Einsatz kommen, natürlich auch über Lautsprecher. Bei den häufiger vorkommenden akustischen Aufnahmen dagegen ist Monitoring im Prinzip nur über Kopfhörer möglich. Wenn du professionell arbeiten möchtest, dann musst du im ersten Schritt erst einmal erkennen, wie wichtig das Monitoring für den Musiker ist. Darum versetze dich in seine Lage:

> Musiker müssen für ein gutes Zusammenspiel und perfektes Timing die anderen Musiker (oder wenigstens einige davon) hören bzw. eben das vielleicht schon teilweise produzierte Arrangement.
> Musiker brauchen ebenso eine Rückkontrolle über die eigene Leistung.
> Musiker wollen sich (auch akustisch) wohlfühlen.

Im einfachen Projektstudio läuft das Monitoring meist über einen am PC angesteckten Kopfhörer. Im Profilager andererseits hat im Aufnahmeraum jeder Musiker sein eigenes Zuspielpult, wo er sich zum Beispiel bei einer Rockbandaufnahme die Kopfhörermischung aus Drums, Bass, Gitarren und Gesang selbst zusammenstellen kann. Das geht halt nur über eine aufwändige Signalführung. Zwischen der Amateur- und der Profi-Variante liegen natürlich Welten und eine Menge Zwischenlösungen. Welche Variante du bevorzugst, hängt sehr von dem ab, was in deinem Studio an Produktionsarbeit alles passieren soll und was an Technik vorhanden ist *[siehe Studio II Kapitel 2.2.].* Im Zusammenhang mit Samplitude werden wir uns um einfache Varianten kümmern, die dem Neueinsteiger genügen sollten. Mehr ist später immer noch problemlos machbar.

(Bevor es losgeht, beachte auch für das Monitoring eine sorgfältige Verkabelung. Prüfe die verwendeten Kopfhörer auf korrekte Wiedergabe sowie die zuführenden Kabel auf genügend Bewegungsfreiheit.)

7.2. Einfaches Monitoring

Gehen wir zunächst von dem einfachen Fall aus, dass auf dem Monitorweg das gleiche Signal liegt, wie auf deinen Regie-Monitoren, beispielsweise die komplette Mischung. Normalerweise ist diese einfache Variante schon allein dadurch zu realisieren, dass du an deinem Interface die Monitorboxen hängen hast und auch den Kopfhörer dort anstöpselst. (Wenn mehrere Kopfhörer gebraucht werden, müsste noch ein Kopfhörer-Verstärker mit Verteilung zwischengeschaltet werden.) In

Samplitude müssen wir quasi nur noch die richtigen Einstellungen vornehmen, damit auch etwas zum Hören da ist.

{Die bereits geklärten Schritte zur Aufnahme werden ohne weitere Erklärung nur der Vollständigkeit halber in geschweiften Klammern mit erwähnt.}

Für unser Beispiel nehmen wir als Quelle ein Mikro, welches den Gesang in unser Samplitude schickt. Als Hintergrund würde bereits das Instrumental-Playback existieren:

> *{Lege den Input in den Aufnahmeoptionen fest.}*
> *{Stelle im Spurkopf, im Track-Editor oder im Mixer den benötigten Track auf Mono In [siehe Kapitel 4.1.].}*
> *{Vergiss nicht, die Spur mit dem Record-Button zu aktivieren.}*
> *{Öffne die Aufnahme-Optionen (Umschalt+R) und nimm eventuell noch notwendige Einstellungen vor, falls diese nicht automatisch richtig erscheinen (beispielsweise Speicherort und Dateinamen).}*
> *Starte die Aufnahme.*

Nur kurz erwähnen möchte ich, dass Samplitude in seinem Mixer (rechts unten) auch eine separate Sektion bereitstellt, die für einfaches Monitoring sinnvoll zu gebrauchen ist. Hierzu erhältst du im Manual und der Hilfe-Funktion genügend Informationen, um für dich zu entscheiden, ob du mit diesen Funktionen arbeitest oder andere Lösungen bevorzugst.

7.3. Monitoring mit Einbindung interner Effekte

Im *Kapitel 6.1.* wurde bereits angesprochen, dass die internen Effekte von Samplitude schon während der Aufnahme eingesetzt werden können. Das macht dann Sinn, wenn beispielsweise eine E-Gitarre aufgenommen wird und dafür das interne Modul Vandal die Gitarreneffekte liefert. Hierbei ist es halt wichtig, dass der Gitarrist beim Spielen und ohne Zeitverzögerung das End-ergebnis zu hören bekommt. Deshalb musst du sowohl die richtigen Monitoring-Einstellungen wählen als auch bei den Puffereinstellungen aufpassen, da ansonsten eine zu große Latenz zum Problem werden kann. Insbesondere bei schnelleren Abläufen kannst du durch verzögertes Monitoring mehr Chaos stiften, als die ganze Sache wert ist. Daher solltest du die folgenden Einstellungen unbedingt überprüfen:

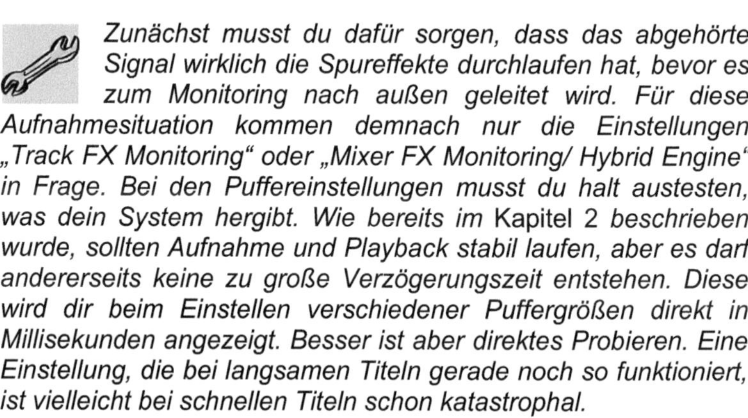

Zunächst musst du dafür sorgen, dass das abgehörte Signal wirklich die Spureffekte durchlaufen hat, bevor es zum Monitoring nach außen geleitet wird. Für diese Aufnahmesituation kommen demnach nur die Einstellungen „Track FX Monitoring" oder „Mixer FX Monitoring/ Hybrid Engine" in Frage. Bei den Puffereinstellungen musst du halt austesten, was dein System hergibt. Wie bereits im Kapitel 2 beschrieben wurde, sollten Aufnahme und Playback stabil laufen, aber es darf andererseits keine zu große Verzögerungszeit entstehen. Diese wird dir beim Einstellen verschiedener Puffergrößen direkt in Millisekunden angezeigt. Besser ist aber direktes Probieren. Eine Einstellung, die bei langsamen Titeln gerade noch so funktioniert, ist vielleicht bei schnellen Titeln schon katastrophal.

7.4. Arbeit mit dem Cue-Mix

Es ist von Vorteil, wenn du für das Monitoring eine spezielle Kopfhörer-Mischung erstellst, die unabhängig von den Monitor-Boxen läuft. Diese wird in Fachkreisen **Cue-Mix** genannt. Beim simultanen Band-Recording *[siehe Kapitel 8]* ist es mitunter sogar notwendig, jedem Musiker ein individuelles Monitoring zur Ver-fügung zu stellen. Dazu musst du nicht gleich zur Luxusvariante greifen, wo jeder seinen eigenen Mix selbst baut. Es geht auch einfacher und vor allem preiswerter. Du brauchst halt lediglich einen Kopfhörer-Verstärker, der am besten in der Lage ist, sowohl ein einzelnes Signal auf mehrere Kopfhörer zu verteilen, als auch mehrere Eingänge auf verschiedene Ausgänge zu routen. So etwas gibt es inzwischen schon relativ preiswert.

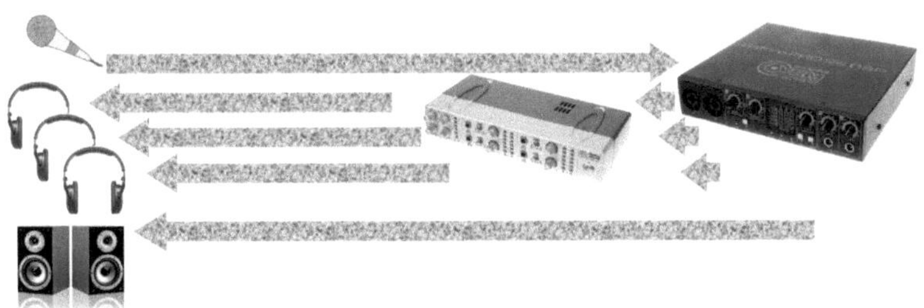

In Samplitude arbeite ich am liebsten mit mehreren **AUX**-Wegen, auf denen dann jeweils ein Cue-Mix liegt. So habe ich in diesen Kanälen im Mixer gleich noch die Möglichkeit, das Signal klanglich anzupassen, was für die einzelnen Mischungen durchaus sinnvoll ist (s.u.). Für das Ausspielen dieser Mischungen routest du den jeweiligen Kanal dann nicht zur Mastersektion, sondern direkt auf den entsprechenden Kanal des Interfaces. Wie schon im *Kapitel 7.3.* beschrieben wurde, ist die richtige Monitoring- und Puffer-Einstellung dabei wieder äußerst wichtig.

Wir gehen mal davon aus, dass die Latenz kein Problem ist und dass es deine Hardware zusätzlich zulässt, mehrere verschiedene Monitoring-Signale auf die Reise zu schicken. Dann kannst du nun also für jeden der Monitor-Kanäle bestimmen, wie sich die einzelnen Signalanteile in ihm mischen. Auf diese Weise erhält jeder Musiker seinen individuellen Cue-Mix. Wenn du das einige Male gemacht hast, musst du über die Kanal-Zuordnung sicher kaum noch nachdenken, so dass du auch auf entsprechende Wünsche der Künstler eingehen kannst. Die Vorgehensweise ist eigentlich nicht weiter kompliziert:

> *Öffne den Mixer (Taste M).*
> *Klappe mit Klick auf das Dreieck links oben die AUX-Kanal-Liste auf.*
> *Wähle für alle Kanäle, die ins Monitoring geschickt werden sollen, die entsprechenden AUX-Wege an (Klick auf die Rechtecke, neben denen „off" steht).*
> *Die darunter liegenden kleinen Streifen sind quasi die Ausgangsregler. Ziehe diese in Abhängigkeit zu der gewünschten Lautstärke auf.*
> *Ein Rechtsklick auf die AUX-Schaltfläche öffnet ein Menü, bei welchem du den obersten Menüpunkt „Pre-Fader-Send" anwählst. Damit wird das Signal also vor dem Kanal-Fader abgegriffen und ist von der Lautstärke her somit unabhängig von der Kanal-Einstellung.*

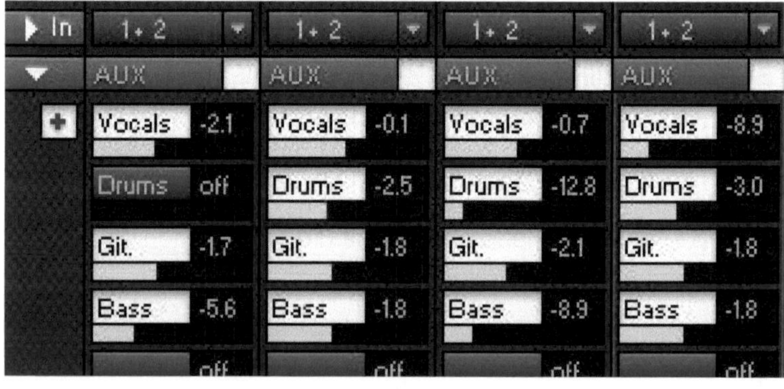

Im abgebildeten Beispiel sind die Spuren 1 bis 4 mit Gesang, Schlagzeug (als Summe), E-Gitarre und E-Bass belegt. Der Sänger (oberste AUX-Zeile) wollte außer sich selbst hauptsächlich Drums und Harmonien von der Gitarre hören, während ihm der Bass nicht so wichtig war. Der Schlagzeuger brauchte gar keinen Gesang, sondern überwiegend die Bass-Linie. Der Gitarrist wollte alles gleichermaßen und der Bassist legte großen Wert auf das Schlagzeug, wollte aber die anderen Parts auch hören.

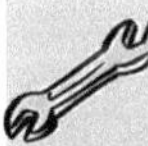

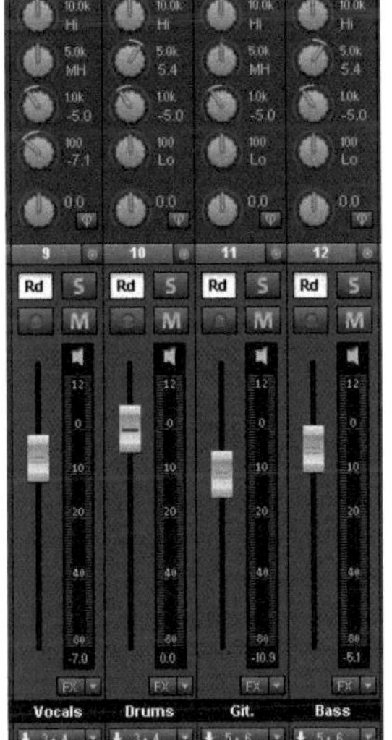

Mit der beschriebenen Vorgehensweise hast du die Mischungen für die einzelnen Monitorwege zwar erstellt, aber sie müssen natürlich noch auf den richtigen Weg gebracht werden. Dazu fasst du einfach das Mixer-Fenster an der Seite an und ziehst es breiter. Jetzt sollten links neben dem Master-Kanal die neuen AUX-Kanäle sichtbar werden (in meinem Beispiel halt vier). Wie du siehst, kannst du nun für jeden Ausspielweg individuelle Einstellungen beispielsweise für die Lautstärke und den Frequenzgang vornehmen. Wichtig ist außerdem noch, dass unten der richtige Ausgang gewählt wird, denn als Standard ist erst einmal der Master-Kanal eingestellt, auf dem aber die Monitor-Wege nichts zu suchen haben.

Die Anzahl der möglichen AUX-Kanäle richtet sich hauptsächlich nach deiner Hardware und wird damit durch die zur Verfügung stehenden Hardware-Ausgänge begrenzt, aber auch durch das Verarbeitungstempo, welches nur eine bestimmte Kanalzahl mit vernünftigen Latenzen zulässt. Samplitude dagegen bietet dir normalerweise mehr Kanäle an, als du überhaupt brauchen wirst, wobei natürlich nicht jeder AUX-Weg automatisch ins Monitoring führt [siehe Kapitel 12].

Um den Überblick zu behalten, solltest du auch AUX-Wege beschriften. Übrigens kannst du im Mixer die Art der Kanäle bzw. das Routing an den kleinen Pfeilen unten beim Output erkennen:

> roter Pfeil nach rechts - Routing zum Master (Standard-Einstellung)
> grüner Pfeil nach unten - Routing zu einem separaten Ausgang
> blauer Pfeil nach oben - Routing zu einem Submix-Bus *[siehe Kapitel 8.2.]*

Wenn die ganze Sache mit mehreren individuellen Mischungen nicht uferlos werden soll, geht auch eine vereinfachte Variante mit nur einem AUX-Kanal für alle. Dafür haben sich einige Grundrezepte unter den Tonleuten durchgesetzt, zum Beispiel dieses hier:

> ➤ *Lege zunächst die ganz normale Monitor-Mischung, die du auch für dich selbst benutzt, in den Cue-Mix.*
> ➤ *Hebe dann die typischen Orientierungstracks hervor. Für gutes Timing braucht man zum Beispiel die Bass Drum und die Snare. Sänger haben aber auch gern ein Harmonieinstrument im Vordergrund, um eine saubere Intonation rüberzubringen.*
> ➤ *Viele Musiker sind damit schon recht zufrieden. Und wenn nicht, kannst du mit wenigen Handgriffen den jeweiligen Cue-Mix noch verfeinern.*

Neben dem Mischungsverhältnis ist es wichtig, dass der Cue-Mix vom Frequenzgang her ebenso seinen Zweck erfüllt. Auch das ist mit wenigen Handgriffen zu lösen. Du musst es halt nur wissen:

> ➤ *Kopfhörerverstärker bringen häufig einen einfachen Equalizer mit. Besser regelt es sich aber direkt in Samplitude.*
> ➤ *Senke die Tiefen unterhalb von 50 Hz ab bzw. schneide sie gleich weg. Dröhnende Tiefen braucht man wohl kaum zur Orientierung. Außerdem verhindern sie, dass man den Rest prägnant genug hört.*
> ➤ *Reduziere auch im Bereich von 1 - 5 kHz. Damit geht zwar etwas an Klarheit des Signals verloren, aber das Gehör ermüdet dafür längst nicht so schnell, was für eine längere Aufnahmesession auf jeden Fall von Bedeutung ist.*

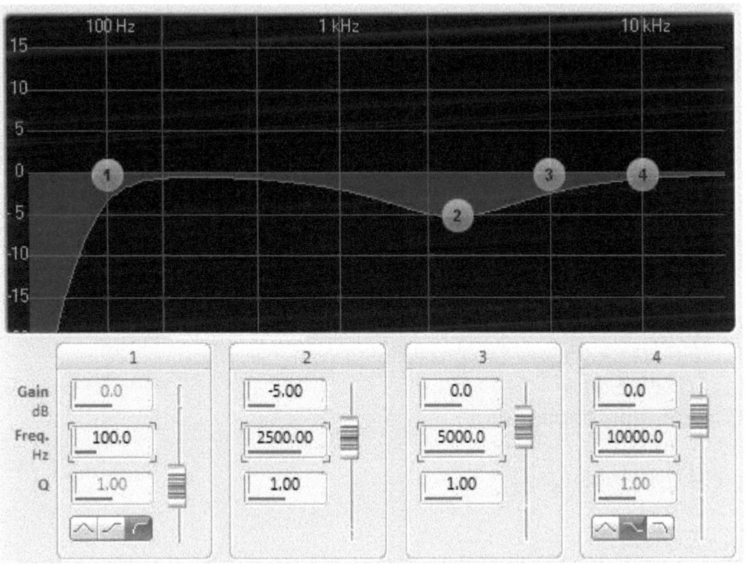

8. Band-Recording

Befrage das Manual:
- 📖 Projektoptionen/ Allgemein
- 📖 Systemoptionen/ Metronom
- 📖 Click-Track erzeugen
- 📖 Systemoptionen/ Audioeinstellungen und Audiogeräte
- 📖 Audio In (Spurkopf, Track-Editor oder Kanalzug im Mixer)
- 📖 Mehrspuraufnahme
- 📖 Projektoptionen/ Mixereinstellungen
- 📖 Track-Editor
- 📖 Aufnahmeoptionen
- 📖 Vandal
- 📖 AUX-Routing
- 📖 Mixer
- 📖 Equalizer
- 📖 Submix-Bus

Beim Band-Recording hängt vieles von den Gewohnheiten der einzelnen Musiker ab, aber auch von deinen Vorstellungen einer guten Produktion. So kann eine Band beispielsweise komplett zeitgleich aufgenommen werden, aber auch die Produktion aller Soundquellen nacheinander ist eine übliche Praxis. Für die richtige Entscheidung spielen unter anderem auch die räumlichen und technischen Möglichkeiten eine wichtige Rolle. In *Studio II Kapitel 2.5.* werden eine ganze Reihe von Details dazu beschrieben, die ich hier an dieser Stelle nur kurz anreißen möchte, um dann wieder konkret zur praktischen Umsetzung überzugehen.

Da die Aufnahme der einzelnen Band-Komponenten und das dazugehörige Monitoring bereits über die *Kapitel 4 bis 7* geklärt wurden, geht es hier insbesondere um das gleichzeitige Aufnehmen aller Musiker, was so auch der üblichen Proben- und Auftrittssituation einer Band entspricht.

8.1. Click-Track und Basic Track

Für genaues Timing soll eventuell ein **Click-Track** verwendet werden. Dies ist im Grunde eine Metronom-Spur, die über ein klickendes Geräusch das Tempo vorgibt. Dieser Click wird nun üblicherweise dem Schlagzeuger auf sein Monitoring gegeben, damit er als Taktgeber für die Band fungiert. Allerdings solltest du wissen, dass nicht jeder Drummer nach Click spielen kann. Und wenn es auch nach einer Reihe von Anläufen absolut nicht funktionieren will, solltest du dich von dieser Variante verabschieden, bevor erst Frustatmosphäre aufkommt.

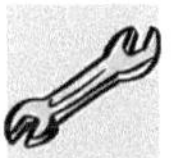

Gehen wir von dem Standardfall aus, dass sich das Tempo im Song nicht ändert. Somit musst du in Samplitude also nur das generelle Songtempo angeben, was du in den allgemeinen Projektoptionen machst.

Falls du mit Click arbeiten möchtest, hast du in Samplitude zwei grundlegende Möglichkeiten. Einerseits kannst du einfach das Metronom aktivieren, welches du dann (je nach Einstellung) beim Aufnehmen und/oder beim Abspielen im eingestellten Songtempo hörst. Willst du selbst das Metronom nicht hören, sondern nur beispielsweise der Drummer per Monitoring, dann kannst du im gleichen Menüfenster einen anderen Ausgang zuweisen.

Die zweite Variante halte ich persönlich für wesentlich flexibler. Dafür gehst du im Menü Bearbeiten/ Tempo auf den Befehl „Click-Track erzeugen". Unter deiner gerade aktiven Spur wird jetzt eine neue eingefügt, die den Click als lauter einzelne Audio-Schnipsel enthält. Somit kannst du diese Spur wie jede andere behandeln, also beispielsweise den Click für einige Takte aussetzen. Viel wichtiger ist aber, dass du bei der Arbeit mit diversen Cue-Mixen [siehe Kapitel 7.4.] jetzt auch den Click mit unterschiedlicher Stärke über die Audio-Daten legen kannst.

Alternativ kannst du auch mit einem **Basic Track** arbeiten, was allerdings meist bei Produktionen zum Einsatz kommt, bei denen Spur für Spur nacheinander aufgenommen wird. Mache zunächst eine einfache Gesamtaufnahme (oder auch mehrere). Im Folgenden verwendest du anstatt des Clicks (oder zusätzlich zu diesem) den Basic Track für das Kopfhörermonitoring. Damit haben die Musiker immer das Gesamtarrangement als Orientierung. Wenn dein Basic Track mehrspurig ist, kannst du beim Monitoring sogar flexibel die benötigten Sounds zuspielen. Übrigens darf der Basic Track auch spiel- und gesangstechnische Fehler enthalten. Wenn diese nicht gerade zu gravierend sind und die Orientierung stören würden, kannst du sie getrost vernachlässigen.

8.2. Beispiel für eine komplexe Aufnahme-Situation

Für die eigentliche simultane Bandaufnahme laufen nun viele der besprochenen Themen zu einem zusammen. Du kannst also zeigen, was du gelernt hast über Synthesizeraufnahme *[siehe Kapitel 4]*, Aufnahme von Drums und Vocals *[siehe Kapitel 5]*, Aufnahme von E- und Bass-Gitarre *[siehe Kapitel 6]* sowie das dazugehörige Monitoring *[siehe Kapitel 7]*.

Die Mikrofonierung muss natürlich sehr gut durchgeplant sein. Und trotz guter Planung kannst du das **Übersprechen** in andere Kanäle nie vermeiden. Zumindest für dieses Problem gibt es in großen Studios die Lösung, die Musiker in einzelnen Kabinen unterzubringen, wo sie dann zwar akustisch getrennt, aber dennoch gemeinsam produzieren. Andererseits wird für meinen Geschmack dem unbedingten Erreichen von übersprechfreien Aufnahmen manchmal zu viel Bedeutung beigemessen. Solange diese Einstreuungen nicht zu dominant werden, können sie im Gegenteil sogar zur klanglichen Atmosphäre der Gesamtaufnahme beitragen. Du musst beim späteren Mischen nur beachten, dass du beim Schrauben an den Pegel- und Klangverhältnissen auch immer die Nebensounds mit beeinflusst.

Ich gehe an dieser Stelle mal davon aus, dass du die Verkabelung entsprechend vorgenommen hast und dabei der Überblick nicht verloren gegangen ist. Nachfolgend siehst du einmal ein gedachtes Beispiel eines durchschnittlichen Band-Recordings mit ankommenden Signalen und den abgehenden

Monitorwegen. Wir haben es also mit einem Schlagzeug, einer E- und einer Akustik-Gitarre, einer Bass-Gitarre, zwei Synthesizern und zwei Sängern zu tun. Diese acht Signalquellen werden nun in 17 Spuren eingefädelt, was hauptsächlich an der Komplexität des Schlagzeugs liegt. Für die Bass Drum wurden zwei Mikros verwendet, um den Sound entsprechend formen zu können. Für die Toms sind drei Mikros angegeben - theoretisch könnte man hier sogar noch weitere verwenden. Insgesamt musst du beachten, dass die Schlagzeug-Overheads sowie die beiden Synthesizer als Stereo-Signal auflaufen, während alles andere in Mono-In-Spuren gehört. Rein physisch hast du also 20 Signale an deinem Interface anliegen.

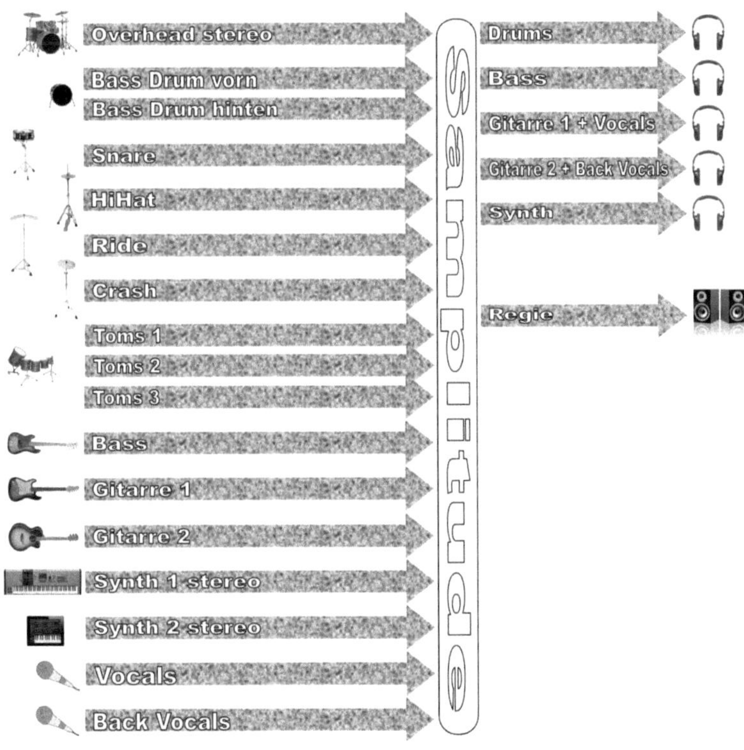

Die nachfolgende Tabelle zeigt dir noch einmal die Zuordnung der ankommenden Sounds zu den Interface-Eingängen sowie die Weiterleitung in die Samplitude-Spuren.

Signal-quelle	Interface-Eingang	Samplitude-Spur	Submix-Bus Ebene 2	Submix-Bus Ebene 1
Schlagzeug-Overhead	1+2	1 stereo	⇒	(3) Drums
Bass Drum vorn	3	2	(1) Bass Drum	(3) Drums
Bass Drum hinten	4	3	(1) Bass Drum	(3) Drums
Snare	5	4	⇒	(3) Drums
HiHat	6	5	⇒	(3) Drums
Ride	7	6	⇒	(3) Drums
Crash	8	7	⇒	(3) Drums
Toms 1	9	8	(2) Toms	(3) Drums
Toms 2	10	9	(2) Toms	(3) Drums
Toms 3	11	10	(2) Toms	3 Drums
E-Bass	12	11	--	--
Gitarre 1	13	12	⇒	(4) Git.
Gitarre 2	14	13	⇒	(4) Git.
Synthesizer 1	15+16	14 stereo	⇒	(5) Synth.
Synthesizer 2	17+18	15 stereo	⇒	(5) Synth.
Vocals	19	16	⇒	(6) Vocals
Backing Vocals	20	17	⇒	(6) Vocals

In den rechten Spalten sind bereits diverse **Submix-Busse** angegeben. Diese haben den Sinn, dass du bestimmte Signale zu einer Zwischensumme zusammenfasst. Es entsteht dadurch quasi ein zusätzlicher Kanalzug, den du genau wie einen normalen Kanal behandeln kannst. Somit stehen dir Einstellungen für Volumen, Panorama, Equalizer oder Effekte gesammelt für entsprechende Soundgruppen zur Verfügung. Damit das

Ganze auch funktioniert, musst du alle Sounds, die in einen Submix-Bus fließen sollen, auch dorthin routen, und nicht zur Gesamtsumme, wie voreingestellt ist. Übrigens helfen die Submix-Busse auch beim Festsetzen der Wege für das Monitoring. Stelle dir einfach vor, du möchtest das Schlagzeug ins Monitoring schicken. In dem oben dargestellten Beispiel hättest du dann insgesamt elf Einzelsignale zu routen. Durch den Submix-Bus reduziert sich das auf einen Kanal.

Bei Hardware-Mischpulten sind die Submix-Busse von ihrer Anzahl her festgelegt und an einer bestimmten Stelle der Konsole untergebracht. Mit Samplitude hast du natürlich viel flexiblere Möglichkeiten. Aus meiner Sicht gibt es für die Anordnung auf dem Mischpult zwei sinnvolle Möglichkeiten. Die von mir meist benutzte sieht so aus, dass ich die Submix-Busse direkt neben die Kanäle lege, welche zusammengefasst werden. Alternativ ist es auch möglich, ähnlich den Hardware-Pulten einen gesammelten Block an Submix-Bussen anzulegen. Beide Varianten haben ihre Vor- und Nachteile. Probiere einfach aus, was für deinen Workflow gut ist.

Auf der nachfolgenden Abbildung kannst du nun noch einmal „sehen", wie komplex die Arbeit mit dem Mixer wird, obwohl hier noch alle Einstellungen an Panorama, Equalizer und Effekten fehlen. Lediglich die Gitarren laufen schon durch das Vandal-Modul, da diese Effekte bei der Aufnahme bereits mitgehört werden sollen. Konkret für das schon gemachte Band-Beispiel haben wir 17 reguläre Kanäle. Die Toms und die Bass-Drum werden zunächst in untergeordneten Submix-Bussen zusammengefasst. Dann folgt die Zusammenführung auf die eigentlichen vier Submix-Busse. Dazu kommen dann noch die fünf AUX-Wege für das Monitoring. Insgesamt ist das mit den 28 Kanälen schon mal ein ziemliches Brett von Mischpult, welches du überschauen musst. Besonders an kleinen Monitoren kann das schwierig werden. Zwar hat Samplitude eine Scroll-Funktion, aber für besseren Überblick solltest du immer so viel wie möglich vom Pult sehen können.

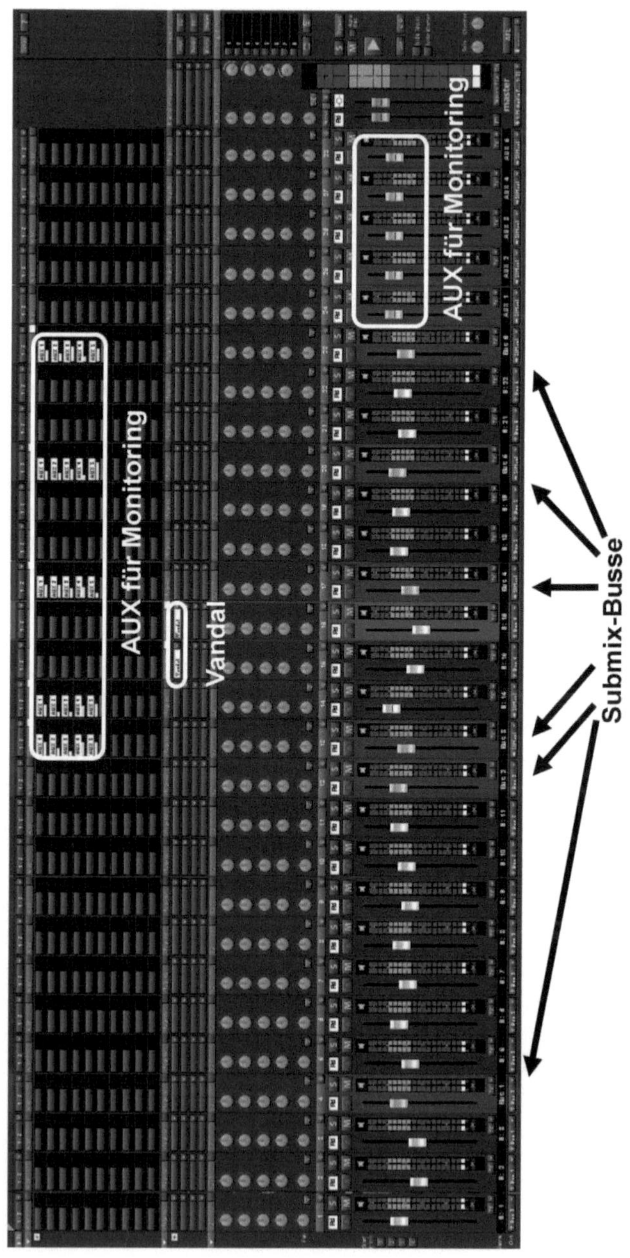
AUX für Monitoring
AUX für Monitoring
Vandal
Submix-Busse

Damit bleibt nur noch, die Vorgehensweise konkret in Samplitude zu demonstrieren. Ich bleibe dafür bei dem gemachten Beispiel - Anpassungen für deine Aufnahmesituation sollten problemlos möglich sein. Vom Timing her ist es so, dass einer der Synthesizer per MIDI das Tempo vorgibt und Samplitude als Slave folgt. Der Schlagzeuger bekommt auf ein Ohr das Monitoring und auf das andere einen Click (wird anschließend separat erklärt). Die Overhead-Signale werden dieses Mal zu einer Stereo-Spur zusammengefasst. E-Bass und E-Gitarre werden per Kabel aufgenommen, die Akustik-Gitarre mit Mikro. E-Gitarre und E-Bass laufen dann durch Vandal:

- *Lege den Input in den Aufnahmeoptionen fest.*
- *Wähle in den Systemoptionen im Bereich MIDI dein verwendetes MIDI-Interface als MIDI In.*
- *Aktiviere im Synchronisationsdialog (Umschalt+G) den MIDI Clock Input und trage das Songtempo ein.*
- *Stelle im Track-Editor der beiden Synthesizer-Spuren die Tracks auf Stereo In und wähle das entsprechende Kanal-Paar des Interfaces, auf dem die Signale der beiden Geräte anliegen.*
- *Stelle die Spur für die Overheads ebenfalls auf Stereo In.*
- *Stelle alle anderen Spuren auf Mono In und ordne den jeweiligen Eingangskanal zu.*
- *Wähle für die beiden Tracks der angesprochenen Gitarren Vandal als PlugIn.*
- *Suche dir eine fertige Preset-Konfiguration oder stelle Vandal individuell ein.*
- *Stelle bei den Audioeinstellungen in den Systemoptionen (Taste Y) das Monitoring auf „Track FX Monitoring".*
- *Markiere mit einem Klick auf den Spurkopf die jeweils unterste der Spuren, die zu einem Submix-Bus zusammengefasst werden sollen, als aktiv.*
- *Gehe über das Menü Spur/ Neue Spuren einfügen auf „Neuer Submix-Bus".*
- *Setze bei allen Spuren, die in den neu erstellten Submix-Bus fließen sollen, im Track-Editor oder im Mixer den Output auf den entsprechenden Bus.*

> *Klappe im Mixer mit Klick auf das Dreieck links oben die AUX-Kanal-Liste auf.*
> *Wähle für alle Kanäle, die ins Monitoring geschickt werden sollen, die entsprechenden AUX-Wege an (Klick auf die Rechtecke, neben denen „off" steht).*
> *Ziehe die zugehörigen Ausgangsregler in Abhängigkeit zu der gewünschten Lautstärke auf.*
> *Ein Rechtsklick auf die AUX-Schaltfläche öffnet ein Menü, bei welchem du den obersten Menüpunkt „Pre-Fader-Send" anwählst.*
> *Fasse das Mixer-Fenster an der Seite an und ziehe es breiter, um links neben dem Master-Kanal die neuen AUX-Kanäle sichtbar zu machen.*
> *Vergiss nicht, die benötigten Audio-Spuren mit dem Record-Button zu aktivieren.*
> *Öffne die Aufnahme-Optionen (Umschalt+R) und nimm eventuell noch notwendige Einstellungen vor, falls diese nicht automatisch richtig erscheinen (beispielsweise Speicherort und Dateinamen).*
> *Starte die Aufnahme.*

Beim Monitoring für den Schlagzeuger handelt es sich um einen Spezialfall, der in den vorangegangenen Abbildungen nicht erfasst wurde (um nicht noch mehr Verwirrung zu stiften). Deshalb erfolgt die ergänzende Erklärung hier separat.

Gehen wir davon aus, dass auf dem Kopfhörer des Drummers eine Seite den Click enthält, während die andere Seite mit dem regulären Monitoring versorgt werden soll. Als Lösung gibt es verschiedene Ansätze. So könnten beispielsweise die beiden Signale auch im Kopfhörer-Verteiler zusammengeführt werden, falls dieser dazu in der Lage ist. Ich möchte aber eine der möglichen Varianten beschreiben, die mit internen Mitteln von Samplitude realisiert werden können. Auf der nachfolgenden Abbildung ist das Ganze zugunsten besserer Erkennbarkeit in vereinfachter (also Kanal-reduzierter) Version mal dargestellt. Die anschließende Beschreibung sollte dich zum gleichen Ergebnis führen:

> *Verfahre mit allen beschriebenen Schritten zunächst, wie im allgemeinen Beispiel angegeben und stelle somit auch alle für das Drummer-Monitoring benötigten Sounds auf einem AUX-Weg zusammen. In der Abbildung steht Kanal 1 symbolisch für alle diese Sounds.*

> *Stelle im AUX-Weg (hier Kanal 2) den Panorama-Regler auf links.*

> *Gehe über das Menü Spur/ Neue Spuren einfügen auf „Neuer Submix-Bus" (hier auf Kanal 3).*

> *Route das Monitoring-Signal auf den neuen Submix-Bus (Pfeil nach oben).*

> *Route den Submix-Bus auf einen separaten Ausgang, der für das Monitoring verwendet wird (Pfeil nach unten). Jetzt sollte auf einer Kopfhörerseite das gewünschte Monitoring anliegen.*

> *Gehe im Menü Bearbeiten/ Tempo auf den Befehl „Click-Track erzeugen" (hier auf Kanal 4).*

> *Stelle den Panorama-Regler des Click-Tracks auf rechts.*

> *Route den Click-Track auf den gleichen Submix-Bus wie die Monitoring-Sounds (Pfeil nach oben). Jetzt sollte auf der anderen Kopfhörerseite der Click anliegen.*

9. Choraufnahme

Befrage das Manual:
- 📖 Audio In (Spurkopf, Track-Editor oder Kanalzug im Mixer)
- 📖 Mixer-Kanalzüge/ Link-Schaltfläche, Panorama, Mute, Solo
- 📖 Visualisierung/ Richtungsmesser
- 📖 Verschieben von Objekten
- 📖 Systemoptionen/ Audioeinstellungen und Audiogeräte
- 📖 Mehrspuraufnahme
- 📖 Aufnahmeoptionen

Mit der Beschreibung einer Choraufnahme begeben wir uns auf ein doch spezielleres Gebiet. Zwar handelt es sich um eine normale Akustik-Aufnahme, aber es gibt dabei einige Dinge zu beachten. Wir gehen hierbei von zwei Voraussetzungen aus. Einerseits werden wir nicht jeden Sänger einzeln verkabeln, sondern den Chor als Ganzes aufnehmen *[siehe Kapitel 9.1.]*. Und zweitens brauchen wir für die theoretische Beschreibung eine mögliche gedachte Besetzung. Dabei gehe ich von einer klassischen Chorbesetzung mit Sopran, Alt, Tenor und Bass aus. Das Ganze ist natürlich nur beispielhaft zu sehen und auf andere Chorbesetzungen, Ensembles, kleinere Background-Gruppen und sogar auch kleine Instrumental-Ensembles übertragbar. (Große Orchester würde man allerdings anders aufnehmen, was aber im Rahmen dieses Einsteigerbuches sicher nicht zur Debatte steht.)

Nachfolgend werde ich einige allgemeine Dinge kurz anreißen, die bei der Choraufnahme wichtig sind. Ausführlicher findest du das in *Studio II Kapitel 10* oder im Buch *„Nimm den Chor doch selber auf"*.

Zunächst einmal solltest du den **Chor als eine Einheit sehen** und wie ein einzelnes Instrument behandeln. Demzufolge werden die meisten Chöre heutzutage mit zwei Mikros als Stereo-Paar aufgenommen, die durch weitere Stützmikros vor den Stimmregistern ergänzt werden. Um Laufzeitunterschiede zu vermeiden, müssen dabei alle Sänger der vorderen Reihe den gleichen Abstand zum Mikro haben (Abbildung Abstand A). Daraus ergibt sich automatisch eine **Halbkreisform**, welche ohne Lücken zwischen den Stimmregistern gebildet werden sollte. Für einen einheitlichen Klang der Aufnahmen sollte diese Aufstellung an allen Aufnahmetagen identisch sein.

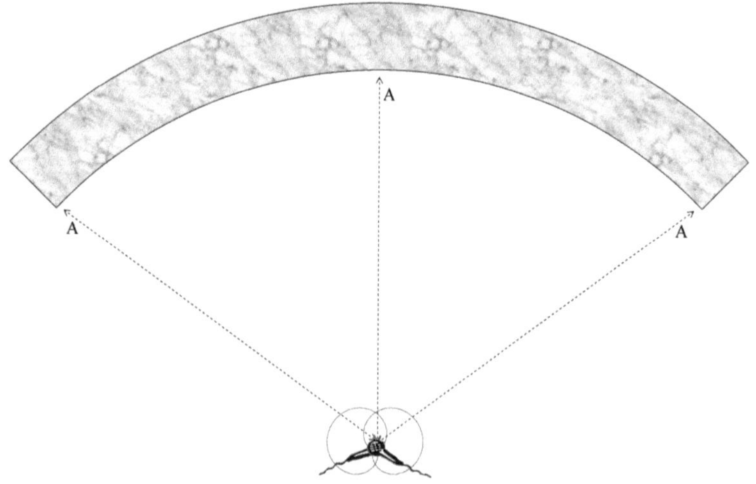

9.1. Verkabelung und Grundeinstellungen

Den wenigsten Aufwand musst du betreiben, wenn du mit einem einzelnen Stereo-Paar mikrofonierst. Allerdings kannst du in dieser Variante keine Nachbearbeitungen einzelner Register vornehmen.

Die Aufstellung der Mikrofone kann in verschiedenen Anordnungen erfolgen. Üblich sind durchaus die XY- und die Klein-AB-Anordnung. Aber auch ORTF und MS funktionieren recht gut. Wenn du noch wenig damit gearbeitet hast, solltest du für einen Klangvergleich einfach mal mehrere Anordnungen ausprobieren. Für mehr Details zu diesen Stereo-Verfahren schaue bitte in *Studio I Kapitel 4.4.* nach.

Nun habe ich zwar geschrieben, dass der Chor als Ganzes zu sehen ist. Dies haben wir ja auch mit unserer Stereo-Mikrofonierung beachtet. Allerdings ist in dieser Aufstellung der Abstand zur Klangquelle schon recht groß. Damit wächst der Einfluss der Raumakustik und es leidet vor allem die Sprachverständlichkeit. Dies kommt also zu dem schon erwähnten Problem, dass ein nachträgliches separates Auspegeln nicht möglich ist, noch hinzu. Deshalb ist es eigentlich üblich, mit zusätzlichen Stützmikros zu arbeiten. Im Normalfall erhält jedes Register eines davon. Bei diesen Stützen kommt es nun darauf an, so wenig wie möglich von den benachbarten Stimmgruppen mit einzufangen. Um das zu erreichen, sollte der Abstand der Mikros zueinander wenigstens dreimal so groß sein wie der Abstand zur Schallquelle. Das heißt, wenn du die Stützmikros einen halben Meter über den Sängern hängen hast, dann sollten die Mikros mindestens einen Abstand von anderthalb Metern zueinander haben, um ein zu starkes Übersprechen zu vermeiden (Abbildung Abstand C und D) *[siehe auch Chor Kapitel 5]*.

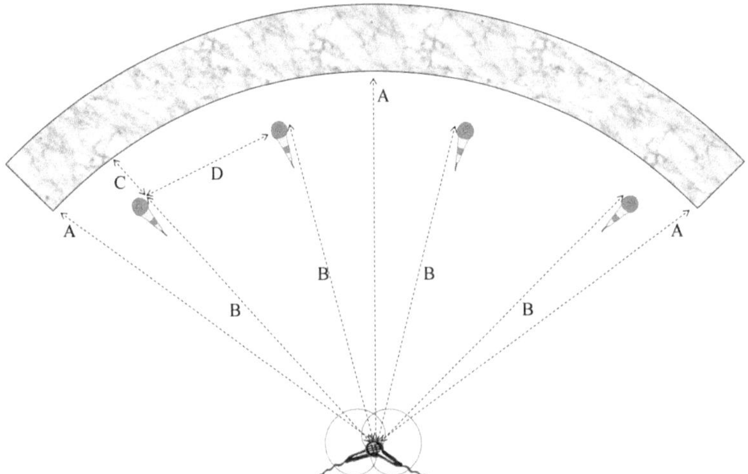

Nach diesem Aufbau laufen in Samplitude also sechs Signale auf. Die Stereo-Anordnung kannst du auch als solche in eine Stereo-Spur leiten. Ich persönlich schicke allerdings bei Choraufnahmen jedes Mikro in eine separate Mono-In-Spur, um für eventuelle Nachbearbeitungen auch für dieses Signal unabhängig zu sein. Für gemeinsame Regelvorgänge können diese Spuren im Mixer mit der Link-Schalfläche (kleiner Kreis neben der Kanalnummer) verbunden werden. Die anderen Spuren lege ich mir so, dass sie im Mischpult von links nach rechts der Anordnung entsprechen, wie der Chor vor mir steht, also beispielsweise Sopran-Alt-Tenor-Bass auf den Spuren drei bis sechs. (Übrigens ist dies für Aufnahmen nicht unbedingt die ideale Choraufstellung, was ich bereits in Studio *II Kapitel 10* und in *Chor Kapitel 4* erläutert habe.)

Im späteren Mischprozess solltest du beachten, dass das Stereo-Paar nach wie vor das Hauptmikro ist. Außerdem musst du die Panoramaeinstellungen der Stützmikros an die Position anpassen, die sich im Stereo-Bild des Hauptmikros ergibt - die Register müssen also in beiden Mikrofonsystemen aus der gleichen Richtung klingen. Um dies auszutesten, brauchst du Referenzmaterial. Entweder hast du eine Aufnahme, wo jedes Register mal solistisch zu hören ist. Oder du nimmst halt von jedem Register einen kurzen Solopart auf.

Ich gehe davon aus, dass das erwähnte Material auf den Spuren anliegt. Für das Festlegen der Panorama-Positionen musst du nun das Signal der Hauptmikros mit jeweils einem Stützmikro vergleichen:

> *Schalte die drei Stütz-Spuren, die du gerade nicht benötigst, stumm.*
> *Schalte auch die Hauptspuren stumm und schalte sie außerdem auf Solo.*
> *Mit wiederholtem Klick auf den Solo-Button kannst du nun zwischen den Hauptspuren und der Stütz-spur direkt hin und her schalten.*
> *Die Einstellung des Stütz-Panoramas nimmst du so vor, dass beim Umschalten der Gesang aus der gleichen Richtung kommt. Hierfür ist ausnahmsweise das Abhören über Kopfhörer recht sinnvoll.*
> *Als zweite Möglichkeit kannst du auch über den Richtungsmesser gehen [siehe Kapitel 2.4.]. Der*

zentrale Strich sollte bei beiden Mikrofonierungen an der gleichen Stelle sitzen.

> *Verfahre dann identisch für die anderen Kanäle, so dass sich bei dir eine Einstellung ergibt, wie sie beispielhaft auf der unten stehenden Abbildung zu sehen ist.*

> *Zur Rückkontrolle solltest du die Hauptspuren und die gesamten Stützspuren im Wechsel hören. Mal abgesehen vom unterschiedlichen Grundklang, der auf die verschiedenartige Mikrofonierung zurückzuführen ist, sollte das Stereobild annähernd gleich sein.*

In der Studiobranche wird kontrovers diskutiert, ob man den **Laufzeitunterschied** zwischen Hauptmikro und Stützen ausgleichen sollte. Ich persönliche mache das; andere verzichten darauf. Wie ist das nun gemeint und wie funktioniert es? Wir gehen davon aus, dass der Schall in einer bestimmten Zeit einen bestimmten Weg zurücklegt. Da die Sänger viel dichter an den Stützmikrofonen dran sind, erreicht der Schall diese also zuerst, bevor er sich bis zum Hauptmikro ausgebreitet hat. Je nach

Mischungsverhältnis und der Größe des Laufzeitunterschiedes kann sich das Ganze durchaus als störend herausstellen. Deshalb würde ich vor allem bei relativ großem Abstand des Hauptmikros den Ausgleich empfehlen. Dazu misst du einfach den Abstand zwischen Hauptmikro und Stütze (Abbildung Seite 89 Abstand B). Wenn die Stützmikros unterschiedliche Abstände haben, dann musst du das für jedes Mikro separat machen. Den erhaltenen Wert multiplizierst du mit 2,91 und erhältst einen Wert, der dir in Millisekunden die Verzögerungszeit angibt. So weit musst du die Spuren der Stützmikros verzögern, also in der jeweiligen Spur in Samplitude nach rechts verschieben.

9.2. Beispiele für verschiedene Aufnahme-Szenarien

Die Aufnahme selbst stellt eigentlich kein großes Problem dar, da es sich um eine ganz normale Mehrspuraufnahme handelt.

Starten wir mit einem Beispiel, welches den bereits beschriebenen Bedingungen entspricht. Wir haben also vier Stimmregister, die wir über Stützmikros aufnehmen, plus ein Stereo-Paar als Hauptmikro:

> *Lege den Input in den Aufnahmeoptionen fest.*
> *Markiere mit einem Klick auf den Spurkopf die oberste der benötigten Spuren als aktiv.*
> *Aktiviere die Mehrspuraufnahme in den Mixer-einstellungen (STRG+Umschalt+M), indem du bei Routing „Alle Tracks direkt auf vorhandene Mono Devices routen" anwählst und bei I/O Devices „Record" einstellst.*
> *Vergiss nicht, alle sechs Spuren mit dem Record-Button zu aktivieren.*
> *Öffne die Aufnahme-Optionen (Umschalt+R) und nimm eventuell noch notwendige Einstellungen vor, falls diese nicht automatisch richtig erscheinen (beispielsweise Speicherort und Dateinamen).*
> *Starte die Aufnahme.*
> *Nimm nach dem Ende jedes Aufnahmedurchgangs einige Sekunden des Raumklangs mit auf. Sage dies*

aber vorher auch den Chorleuten, damit sie still stehen bleiben!

Wenn in einem Chortitel **Soloteile** vorkommen, musst du dies auch bei deiner Aufnahme natürlich beachten. Im Normalfall sind solche Titel schon vom Arrangement her so geschrieben, dass das Solo eine Chance hat. Ein guter Chor mit einem guten Chorleiter wird den Titel also so vorbereiten, dass die Chorstimmen den Einzelgesang nicht platt machen. Trotzdem gibt es Gründe, Solisten mit einem Extra-Mikro auszustatten. Einerseits gibt dir die separate Aufnahme die Möglichkeit, eine nachträgliche Bearbeitung der Solo-Spur vornehmen zu können, was ja letztlich nicht nur die Lautstärke betrifft. Ein anderer Grund könnte sein, dass die Position im Panorama einfach als störend empfunden wird. Ein Sopran, der (aus deiner Sicht) links außen steht, ist im Endklang auch von dort zu hören. Es ist nun Geschmackssache, ob diese Position, die ja live auch so wäre, für die Aufnahme in Ordnung ist oder ob lieber eine mittige Ortung erwünscht ist. Wenn die zentrale Position bevorzugt wird, muss die Sängerin oder der Sänger natürlich auch dort stehen, denn das Solo wird ja trotz separater Mikrofonierung auch von den Chormikros erfasst.

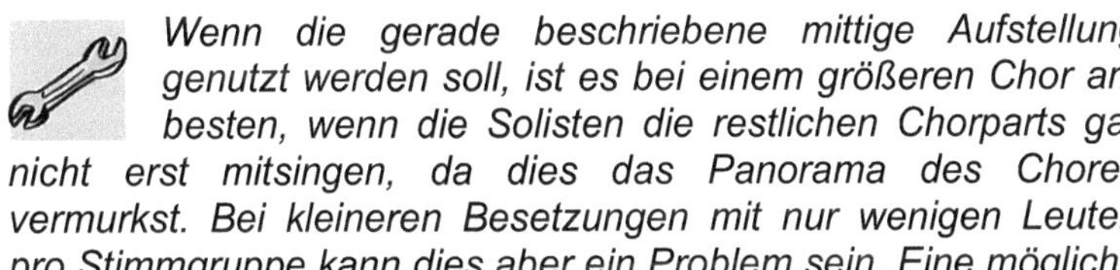

Wenn die gerade beschriebene mittige Aufstellung genutzt werden soll, ist es bei einem größeren Chor am besten, wenn die Solisten die restlichen Chorparts gar nicht erst mitsingen, da dies das Panorama des Chores vermurkst. Bei kleineren Besetzungen mit nur wenigen Leuten pro Stimmgruppe kann dies aber ein Problem sein. Eine mögliche Lösung, die ich auch schon genutzt habe, sieht so aus:

> *Verfahre mit allen Dingen so, wie im letzten Beispiel angegeben.*
> *Nimm zunächst den Chor ohne Soloparts auf. Die Solisten würden sich ganz normal in ihren Registern befinden. Stelle das Solo-Mikro schon mit auf und aktiviere es auch bei der Aufnahme, da du ansonsten beim späteren Schnitt mit hörbaren Schnittproblemen zu kämpfen hast.*
> *Nimm nun den Chor mit Soloparts in zentraler Position auf.*

> ➢ *Der Rest hat nun mit ein wenig Fingerspitzengefühl beim Schneiden zu tun, indem du den Titel dann aus beiden Versionen zusammenstückelst. Bei guter Schnitt-Technik* [siehe Kapitel 10] *ist das Ganze unhörbar.*
> ➢ *Wichtige Voraussetzung für dieses Verfahren: Der Chor singt intonationssauber!*

Es gibt Arrangements, bei denen eine **instrumentale Begleitung** zum Einsatz kommt. Diese wird im Normalfall parallel mit aufgenommen, da die lebendige Phrasierung des Chorgesanges nur selten mit einer vorproduzierten Begleitung funktioniert. Im Grunde hast du es mit zwei Problemen zu tun, die auch nicht optimal zu lösen sind:

> ➢ Chor und Dirigent einerseits und der Instrumentalist andererseits müssen sich gegenseitig gut hören können.
> ➢ Das Übersprechen des Instrumentes in die Chormikros und auch umgekehrt des Chores in die Instrumentalspur soll so gering wie möglich sein.

Hierfür gibt es nur einen Mittelweg als Kompromisslösung. Vor allem die Platzwahl für das Instrument ist entscheidend. Da für die Aufnahmen im Normalfall Mikrofone mit Nierencharakteristik verwendet werden *[siehe Studio I Kapitel 4.3. und Studio II Kapitel 10]*, befindet sich auf der Rückseite der Mikros die etwas unempfindlichere Seite. Demnach wäre ein Platz ein paar Meter hinter dem Hauptmikro und natürlich in entgegengesetzter Blickrichtung nicht schlecht. Wichtig dabei ist nur, dass vor allem der Chor das Instrument noch ausreichend hört. (Umgekehrt sollte es kein Problem sein.) In Samplitude musst du im späteren Mischprozess beachten, dass natürlich trotzdem ein gewisses Übersprechen vorhanden ist und somit die Nebensounds immer mit beeinflusst werden.

Wenn die Begleitung aus einem größeren Arrangement besteht und dann doch schon als **Playback** vorliegt, kannst du eine ähnliche Vorgehensweise wählen, nur dass anstatt des Instrumentes dort halt eine Monitorbox steht. Damit entfällt auch das

Übersprechen in zumindest einer Richtung. Stelle das Playback nur so laut, dass es der Chor gerade hören kann, so dass das Übersprechen in die andere Richtung wenigstens im Rahmen bleibt. Übrigens kannst du auch so vorgehen, wenn es sich beim gespielten Instrument um ein verkabeltes handelt und dieses dann ohne akustische Klangerzeugung aufgenommen wird (beispielsweise E-Piano oder Synthesizer).

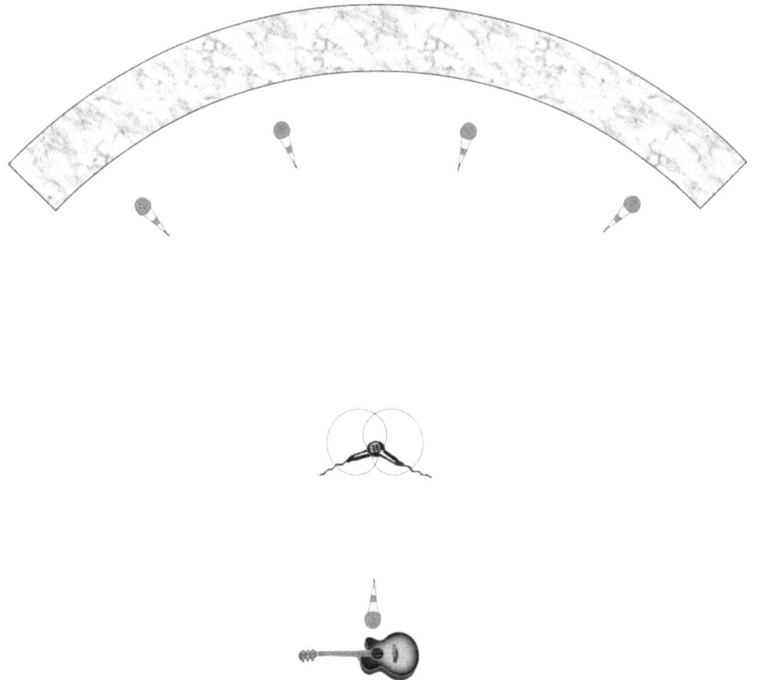

Eine professionelle Variante, die ich hier nur erwähnen möchte, wäre ein Kopfhörermonitoring für alle Chormitglieder, was aber für den Studiostarter eher indiskutabel sein dürfte.

Manchmal finden Choraufnahmen in einem akustisch interessanten Raum statt (großer Konzertsaal, Kirche). Dann solltest du es nicht versäumen, diesen natürlichen Nachhall mit einzufangen. Zwar ist über das Hauptmikro sicher auch etwas vom **Raumklang** verewigt worden, aber mit ein bis zwei Raummikros in größerem

Abstand hast du auf jeden Fall Material, mit dem du später arbeiten kannst. Verwerfen und künstlichen Hall nehmen kannst du immer noch.

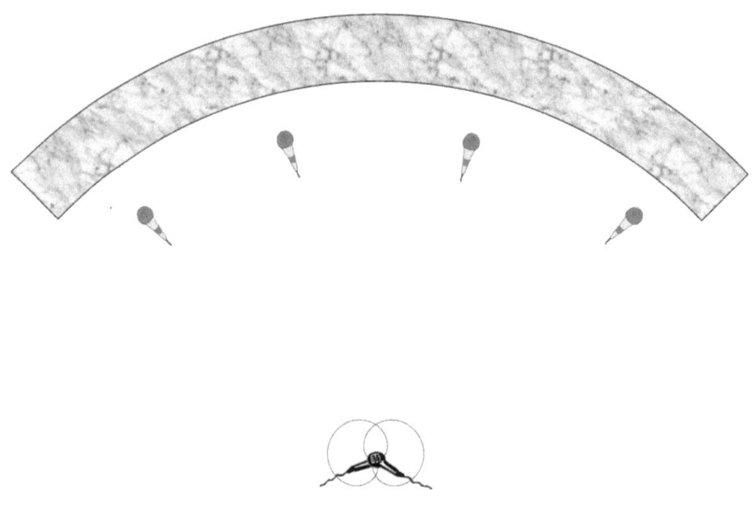

10. Objektbearbeitung im Projektfenster

Befrage das Manual:
- 📖 Rückgängig
- 📖 Mausmodi und Mausmodusleiste
- 📖 Arbeitstechnik mit Objekten
- 📖 Abspielmarker
- 📖 Raster
- 📖 Marker
- 📖 Revolvertracks
- 📖 Fade, Fade-in, Fade-out
- 📖 Crossfade, Crossfade-Editor

Nachdem sich die letzten sieben Kapitel mit der Aufnahme beschäftigt haben, sollen nun noch einige Dinge beredet werden, die in den Bereich der Nachbearbeitung fallen. Wir sind also in Phase zwei der Studioarbeit angekommen. Eine zentrale Rolle nimmt dabei die Bearbeitung der virtuellen Projekte innerhalb des Projektfensters ein. Im Prinzip werden die Möglichkeiten bereits im Manual sehr gut beschrieben. Deshalb möchte ich nur einige ausgewählte Details herausgreifen und diese für den Neueinsteiger, der noch nie mit einer DAW gearbeitet hat, etwas aufbereiten.

Bei allem, was du nachfolgend nun tust, dürfen dir auch mal Fehler passieren, denn es gibt dafür quasi einen doppelten Boden. Einerseits kannst du (wie bei ziemlich jeder Software) deine letzten Schritte rückgängig machen. Wie viele Schritte dabei aufgezeichnet werden sollen, legst du in den **Rückgängig-Einstellungen** fest. Die zweite Absicherung ist, dass die komplette Arbeit in Samplitude nur **virtuell** erfolgt. Abgesehen von der destruktiven Arbeit direkt an Wave-Projekten werden die originalen Sound-Dateien auf der Festplatte nicht angerührt. Wenn also im schlimmsten Fall mal alles schief gegangen ist, kannst du mit der Roh-Datei wieder von vorn beginnen.

Wie im *Kapitel 2* bereits beschrieben wurde, gibt es mehrere **Maus-Modi**, die du unter anderem über die Mausmodusleiste erreichst. Während der Universalmodus und der Links-Rechts-Modus eher für die allgemeine Bedienung da sind, brauchst du die anderen Modi für speziellere Anwendungen. Ich werde darauf hinweisen, wenn wir uns nachfolgend um einige Gebiete der Objektbearbeitung kümmern.

10.1. Arbeit am Objektausschnitt

Der Ausschnitt, der als einzelnes Objekt in Samplitudes Objektfenster dargestellt wird, muss relativ häufig manipuliert werden. Vor allem das **Kürzen** von Objekten ist normaler Studioalltag. Dafür hast du in Samplitude zwei einfache Möglichkeiten:

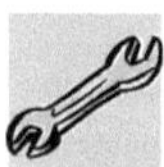

Direkt im Universalmodus oder im Links-Rechts-Modus stellst du deine Abspielmarke an die gewünschte Stelle, drückst die Taste T für „Trennen" und entfernst den nicht benötigten Teil. Der andere Weg ist im Universalmodus (untere Objekthälfte) oder im Objektmodus machbar. Hier wählst du zunächst mit Links-Click das entsprechende Objekt an. Danach kannst du mit dem Anfasser links bzw. rechts unten direkt die Objektlänge beeinflussen.

Hast du zu viel weggeschnitten? Kein Problem. Wir können Objekte auch **verlängern**:

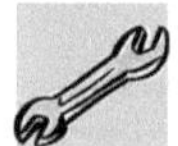

Da wir ja virtuell arbeiten, kannst du in den beiden zuletzt genannten Modi natürlich auch das Objekt auf beiden Seiten durch Ziehen verlängern - maximal so weit, wie die originale Datei lang ist. (Die beiden Abbildungen zeigen die Objektverlängerung nach rechts.)

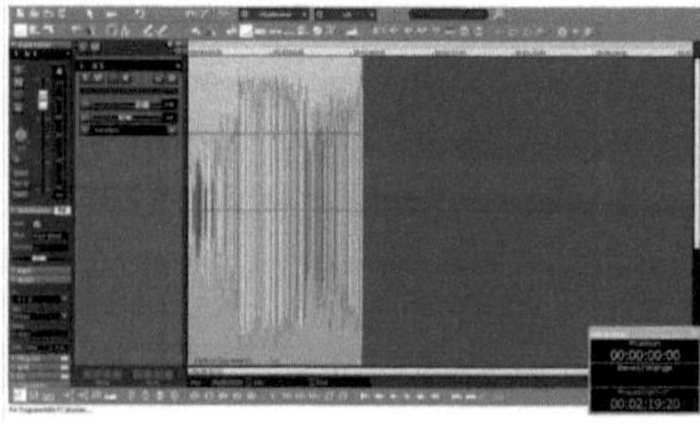 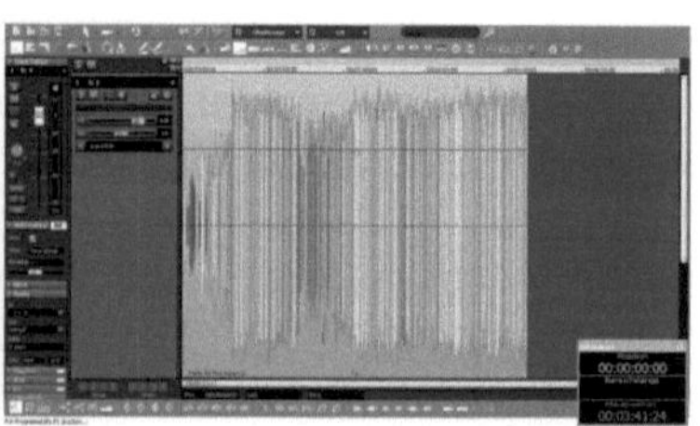

Manchmal stimmt schon die Objektlänge, nur der dabei erfasste Audio-Ausschnitt wurde nicht genau getroffen. Jetzt könntest du im Prinzip an einem Ende kürzen und am anderen wieder verlängern. Das ist aber umständlich und vor allem bei einem Projekt, wo schon viele Objekte aufeinander ausgerichtet wurden, einfach nur nervig. Samplitude hat hier eine einfache Lösung, denn du kannst auch dein **Material unter dem Objekt ver-schieben**:

Dafür sind wir wieder im Universalmodus oder im Objektmodus. Du hältst die rechte Strg-Taste gedrückt und kannst dann mit festgehaltener linker Maustaste das Material verschieben.

10.2. Schnitt-Techniken

Im Wesentlichen zerschneidest du deine Spur-Objekte aus drei möglichen Gründen:

> Du möchtest die Spur von unnötigem Ballast be-freien.
> Du willst einzelne Abschnitte des Spurverlaufs unter-schiedlich bearbeiten.
> Du möchtest bestimmte Passagen verschieben, kopieren oder aber auch gegen anderes Material (beispielsweise aus einer weiteren Aufnahme) austauschen.

Die ersten beiden Varianten sind eigentlich schnell er-ledigt: Zunächst musst du das zu bearbeitende Objekt selektieren. Als nächstes stellst du deinen Abspiel-marker an die Stelle, wo geschnitten werden soll, und nimmst die Trennung vor. Befindet sich der gewünschte Abschnitt mitten im Songablauf, musst du das Ganze natürlich zweimal vornehmen - am Anfang und am Ende des jeweiligen Abschnittes.

Nach erfolgreicher Trennung kannst du nun das Objekt löschen oder aber weiter bearbeiten. Achte vor allem beim Löschen darauf, dass du deine Schnittpunkte geschickt genug wählst, damit du Hallfahnen und andere nützliche Nebensounds, die eventuell zum Soundcharakter beitragen, nicht mit abschneidest. Beachten musst du außerdem, dass das Timing nach dem Schneiden und Umsortieren immer noch stimmt und dass die Übergänge möglichst unhörbar sind. Es gibt mehrere Möglichkeiten, dies zu realisieren. Gehen wir mal von zwei Objekten aus und du möchtest das Ende des ersten Objektes durch den weiteren Verlauf von Objekt zwei ersetzen:

In der einfachsten Variante ist der Anfang von Objekt zwei schon korrekt. Dann schiebst du dieses Objekt einfach von rechts über das andere Objekt bis zu dem Punkt, wo der Schnitt sitzen soll. (Zur besseren Orientierung kannst du vorher deinen Abspielmarker dort platzieren und die Einrastfunktion aktivieren.)

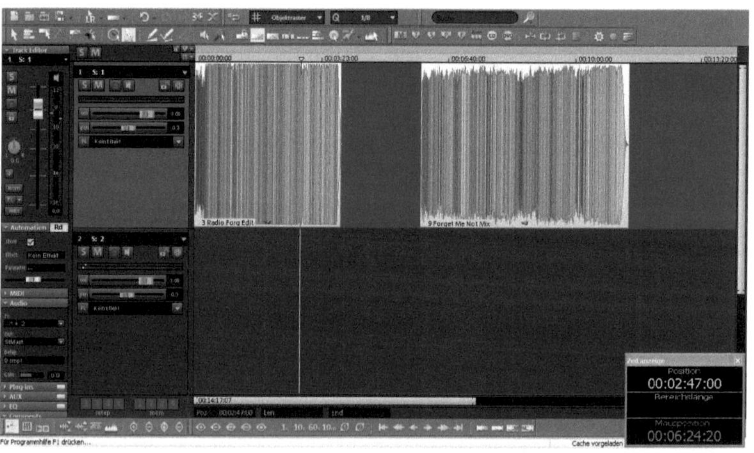

Überprüfe das Ergebnis bereits beim Arbeiten immer wieder akustisch. So merkst du auch, ob das Timing stimmt. Ansonsten sollte das eine Objekt das andere an dieser Stelle automatisch ersetzen. Falls der Schnitt unhörbar ist (also auch frei von Knacksern), ist die Arbeit schon erledigt.

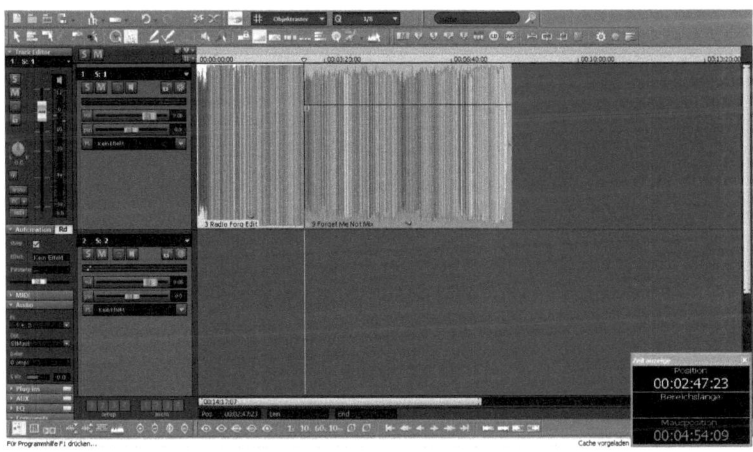

 *Manchmal muss aber auch das zweite Objekt noch gestutzt werden. Das könnte beispielsweise sein, wenn du aus mehreren Aufnahmen eine amtliche Spur mit den besten Passagen zusammenbauen möchtest. (Hierzu solltest du auch mal die Funktion der Revolvertracks ausprobieren, die im Rahmen dieses Buches nicht näher beschrieben wird, aber im Manual in verständlicher Form zu finden ist.)*

Der beste Fall wäre natürlich, wenn alle Takes den gleichen Startpunkt haben. Achte also bei der Aufnahme zum Beispiel durch Nutzung von Markern schon darauf - dann ersparst du dir die Schieberei in Bezug auf das Timing. Sind die Takes allerdings nicht einheitlich gestartet worden, kannst du den Schnitt auf zwei Spuren vorbereiten. Schiebe die beiden Objekte so zurecht, dass sie synchron laufen. Nutze dazu nicht nur das Gehör, sondern schaue auch auf markante Passagen, die du auf beiden Spuren findest. Einsteiger verlieren dabei besonders bei ungünstigen Zoom-Stufen schon mal die Übersicht. Ein wenig Erleichterung bringt es, wenn du die Teile, die später wegfallen, schon mal grob abschneidest.

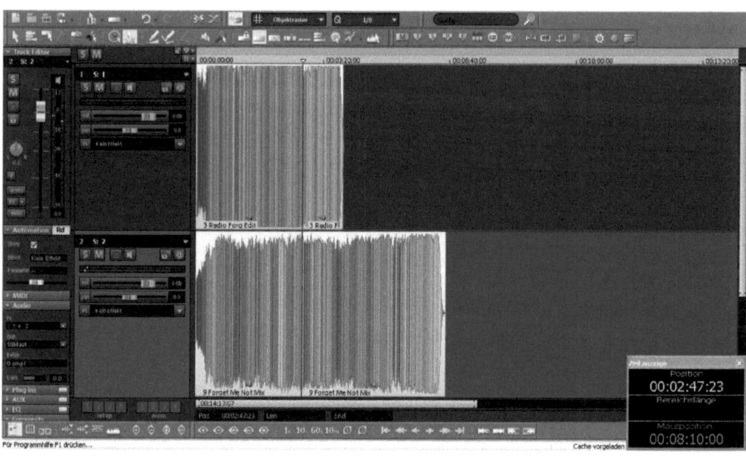

Stelle nun deinen Abspielmarker an die gewünschte Schnittstelle, führe den Cut auf beiden Spuren durch und entferne die nutzlosen Teile.

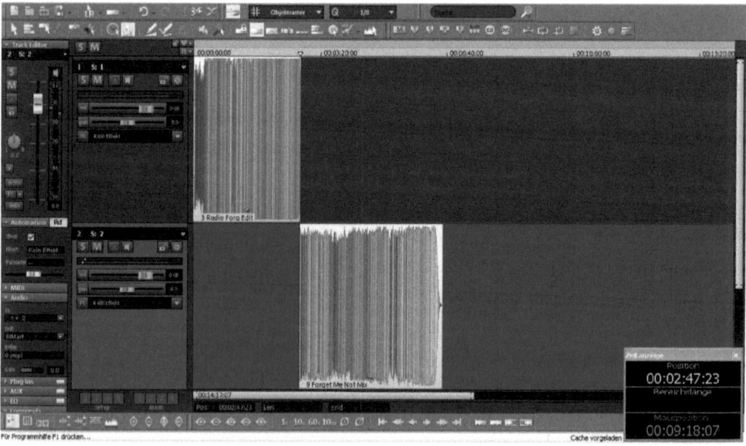

Nun brauchst du nur noch das zweite Objekt auf die andere Spur zu verschieben. Dafür sollte die Einrastfunktion aktiviert sein, damit das Objekt auch genau da landet, wo das andere aufhört.

Wie im gerade gemachten Beispiel ist es natürlich möglich, einen Schnitt auf mehreren Spuren gleichzeitig auszuführen. Es müssen dazu lediglich alle Objekte, die das betreffen soll, markiert sein.

10.3. Fade und Crossfade

Durch das Schneiden entstehen unter Umständen ungewollte Probleme. So kann ein Objekt, welches am Ende beschnitten wurde, eventuell zu abrupt aufhören und abgehackt wirken. Oder aber einer der gerade beschriebenen Objektübergänge knackst unangenehm. Hier kommt das Ein-, Aus- und Überblenden ins Spiel - in Fachkreisen **Fade-in**, **Fade-out** und **Crossfade** genannt.

In Samplitude lassen sich die Funktionen Fade-in und Fade-out ganz einfach realisieren, indem im jeweiligen Objekt die oberen linken oder rechten Anfasser mit der Maus verschoben werden (im Universalmodus und im Objektmodus mit der linken Maustaste, im Links-Rechts-Modus mit der rechten Maustaste). Dadurch wird aus dem senkrechten Anfangs- oder Schluss-Strich dann ein schräger. Die benötigte Fade-Länge setzt du am besten nach Gehör. Alles, was nicht natürlich klingt, ist im Grunde noch nicht korrekt.

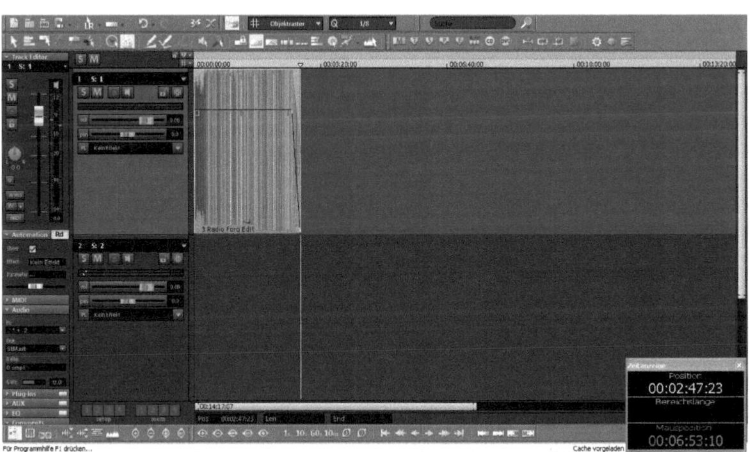

*Für die Korrektur von holprigen oder knacksenden Über-
gängen eignet sich der Crossfade ganz gut. Damit das
Überblenden auch funktioniert, muss natürlich Material
von beiden sich überlagernden Objekten vorhanden sein.
Schiebe wieder die Objekte übereinander und markiere den
Bereich, den du als Crossfade planst. Wie viel das ist, hängt sehr
vom Material ab und auch davon, ob die Überblendung einen
Knackser beseitigen soll oder ganz bewusst zwei Objekte ineinander fließen lässt. Für die Knackser-Geschichte nehme ich
nahezu immer einen kurzen Bereich von wenigen Millisekunden.
Das reicht im Normalfall, um den Stolperer zu eliminieren. Wenn
ich dagegen einen Live-Mitschnitt schneide und den Applaus
kürzen möchte, dann wähle ich Übergangszeiten von mehreren
Sekunden. Weitere Feineinstellungen kannst du dann im Crossfade-Editor vornehmen. Zum Beispiel ist die Formkurve der
Überblendung anpassbar. Das hilft, wenn ein Crossfade mal noch
zu künstlich klingt oder die Gesamtlautstärke an der Stelle ein-
bricht oder auch zu heftig ist.*

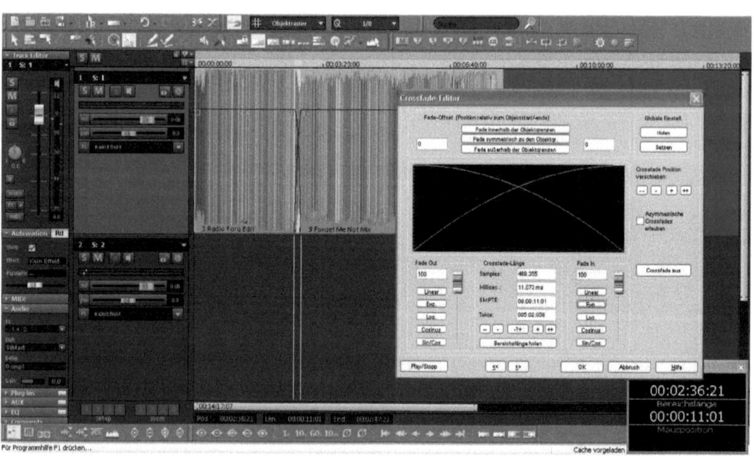

*Sollte mal ein Crossfade gar nicht funktionieren oder die
Probiererei mit dem Crossfade-Editor ist zu langatmig,
dann kannst du mit Hilfe von zwei Spuren auch einen
manuellen Crossfade setzen. Betrachte die beiden Spuren einfach als eine. Dazu musst du natürlich alle gemachten Sound-
Einstellungen kopieren. Ansonsten kannst du jetzt die beiden*

Objekte in die richtige Position schieben und über Fade-out und Fade-in die Überblendung individuell realisieren.

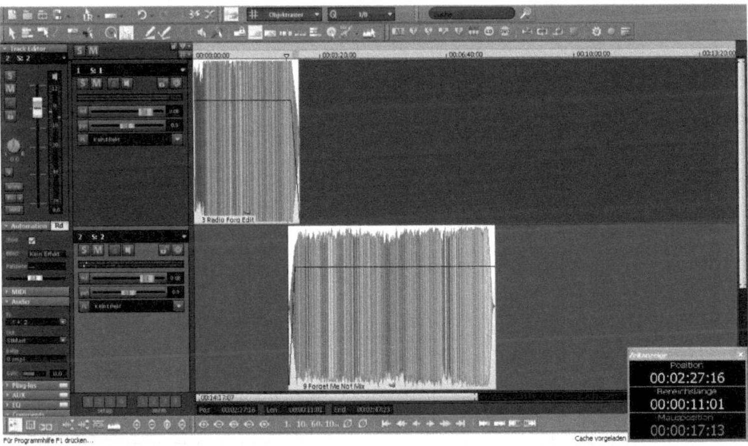

11. Arbeit mit dem Objekteditor

Befrage das Manual:
- Objekteditor
- Mixer
- AUX
- PlugIns
- Equalizer
- Panorama
- Automation
- Fade, Fade-in, Fade-out
- Rückwärts
- Crossfade

Der Objekteditor ist die komfortable Möglichkeit, auf einzelne Bausteine innerhalb der Spur gezielt und separat zugreifen zu können. Alle gemachten Einstellungen sind dann an dieses Objekt gekoppelt - egal, wie lang oder kurz es ist. Also selbst beim Verschieben oder Kopieren innerhalb der gleichen Spur oder auch auf einen anderen Track bleiben alle Einstellungen erhalten. Durch entsprechende Cuts legst du die Länge der Objekte fest und kannst sogar **durch geschickte Crossfades zwischen Objekten mit unterschiedlichen Einstellungen überblenden**. Zusätzlicher Nebeneffekt: Für betagte Computer, aber auch für gutes Verhalten in Bezug auf Latenzen ist es durchaus günstig, wenn beispielsweise aufwändige Effekte nur mitgerechnet werden, wenn sie auch gebraucht werden.

Damit sind wir schon dabei zu klären, was im Objekteditor so alles möglich ist:

> Auch wenn die **Effekte** meist eher im Bereich der Spuren oder im Masterbereich angewendet werden, können diese manchmal bezogen auf kleine Objekte wesentlich wirkungsvoller sein und auf diese Weise auch zeitlich besser begrenzt werden.
> Für jedes Objekt kann eine separate **Lautstärke** festgelegt werden. (Außer im Objekteditor geht dies

aber auch über den oberen mittleren Anfasser per Maus.)
- ➤ Andere lautstärkebezogene Parameter wie **Panoramaposition** und **Stereobreite** sind anpassbar.
- ➤ Für jedes Objekt steht ein eigener **Equalizer** zur Verfügung.
- ➤ Ähnlich wie im Crossfade-Editor ist es möglich, die **Fades** am Anfang und Ende zu bearbeiten.
- ➤ Letztlich kann über **Pitch-Shifting**, **Time-Stretching** und **Auto-Tune** in den Tonhöhenbereich und das Timing eingegriffen werden.

Schauen wir uns in Kurzform die drei Abteilungen des Objekteditors an.

11.1. FX

Auch wenn du hier sicher die Effektabteilung vermutest, wirst du feststellen, dass dieser Teil des Objekteditors einem gesamten Strang des Mixers entspricht, der hier aber nicht den Kanal, sondern nur das einzelne Objekt beeinflusst.

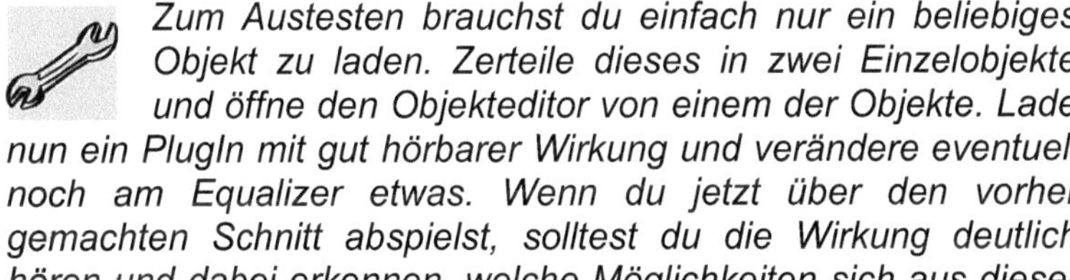

Zum Austesten brauchst du einfach nur ein beliebiges Objekt zu laden. Zerteile dieses in zwei Einzelobjekte und öffne den Objekteditor von einem der Objekte. Lade nun ein PlugIn mit gut hörbarer Wirkung und verändere eventuell noch am Equalizer etwas. Wenn du jetzt über den vorher gemachten Schnitt abspielst, solltest du die Wirkung deutlich hören und dabei erkennen, welche Möglichkeiten sich aus dieser gezielten Bearbeitung ergeben.

11.2. Fades

Das Ein- und Ausblenden wurde bereits im *Kapitel 10.3.* angesprochen. Wenn du also mit Fade-in oder Fade-out arbeitest, hast du an dieser Stelle die Möglichkeit, Feineinstellungen vorzunehmen. Probiere einfach aus und gehe dabei vor allem nach Gehör.

Eine Kleinigkeit, die schnell mal übersehen wird, ist im Unterpunkt „Inhalt" versteckt. Sicher wirst du die Rückwärts-Funktion nicht ständig brauchen, aber als ich sie mal kurzfristig brauchte, habe ich auch erst mal gesucht.

Du kennst sicher die langsam aufblühenden und dann wieder abschwellenden Becken, die doch so gern in gefühlvollen Balladen genutzt werden. Ein Schlagzeuger produziert diese beispielsweise mit wirbelnden Filzschlegeln. Hast du gerade kein Schlagzeug nebst Schlagzeuger zur Hand, geht es auch anders:

> *Lade ein Sample von einem Becken, welches dienem Soundgeschmack entspricht.*
> *Schneide den direkten Aufschlag auf das Becken weg.*
> *Dupliziere das Objekt und stelle beide Objekte direkt hintereinander.*
> *Gehe beim ersten Objekt in den Objekteditor und aktiviere die Rückwärts-Funktion.*
> *Für einen besseren Übergang kannst du noch ein kurzes Crossfade zwischen beiden Objekten einrichten [siehe Kapitel 10.3.]*

11.3. Time/ Pitch

Der Objekteditor ist im Grunde der günstigste Zugang zu den Funktionen, die mit Timing und Pitchen zu tun haben. Du beeinflusst hier quasi für das jeweilige Objekt die Tonhöhe und/oder das Tempo. Wenn man es genau nimmt, handelt es sich dabei nicht um Effekte, sondern eher um Werkzeuge, die für vieles von Korrektur bis Spezialeffekt zuständig sein können.

Besonders die Arbeit an der Tonhöhe ist ein Gebiet, wo einiges an Erfahrungen notwendig ist, um zu guten Ergebnissen zu kommen. Insbesondere brauchst du ein gutes musikalisches Gehör, um Feinheiten herauszuhören. Leider tummeln sich selbst im Chartbereich immer wieder auch Songs, von denen man zwar sagen kann, dass sie technisch gut gemischt sind. Aber es war offenbar niemand anwesend, der die Feinheiten hört, die kleiner als ein Halbtonschritt sind.

Bei aller Euphorie über die zur Verfügung stehenden Möglichkeiten solltest du immer eines beachten: Gerade Eingriffe bei Tonhöhe und Timing neigen schnell zur Verfremdung. Je nachdem wofür deine Aufnahme gedacht ist, musst du sehr vorsichtig sein. Im schlimmsten Fall muss neu aufgenommen werden, weil zu starke Korrekturen selbst vom Laien erkannt werden oder einfach nur die Nebengeräusche (Artefakte) zu dominant sind.

Wofür verbiegt man nun aber die Tonhöhe eigentlich? Es gibt da ganz unterschiedliche Anwendungsmöglichkeiten. Manchmal sind es einfach Korrekturen, die minimale Intonationsfehler ausbessern sollen. Dies wird im Profibereich mehr gemacht, als du vermuten wirst. Das geht so weit, dass man so manche Größen der Chart-Künstler besser nicht live hören möchte.

Ein eindrucksvolles Werkzeug für umfangreiche Intonationskorrekturen nennt sich Elastic Audio und ist über die zugehörige Schaltfläche im Objekteditor erreichbar. Einige weitere Bemerkungen dazu findest du im *Kapitel 16.2*.

Eine andere Anwendungsmöglichkeit des Pitchens ist die Soundandickung, die du mit Samplitude ganz leicht realisieren kannst:

> ➢ *Lade eine Sounddatei beispielsweise einer Akustik-Gitarre*
> ➢ *Kopiere das Objekt auf zwei weitere Spuren und lege alle Objekte parallel.*
> ➢ *Stimme nun eine Spur leicht nach oben und eine weitere leicht nach unten.*

Es entsteht ein Klang, der dem Chorus ähnlich ist. Verstärken kannst du den Effekt durch leichte zeitliche Verschiebung der verstimmten Spuren. Allerdings solltest du auch genau hinhören, ob sich eventuell zu viele Soundbestandteile auslöschen und damit das Klangbild verfälschen. Wenn dagegen der Effekt insgesamt zu heftig ausfällt, kannst du natürlich auch die Laut-stärke der Nebenspuren reduzieren.

Durch stärkeres Pitchen erreichst du eher eine Verfremdung des Sounds. Das kann durchaus interessant sein. Ich habe zum Bei-spiel mal für den Bridge-Teil eines Titels die kompletten Drums um fünf Töne nach unten gepitcht.

Doch etwas versteckt befindet sich in Samplitude die sogenannte **Formantkorrektur**. Diese wirkt dem Effekt entgegen, dass beim Hochpitchen das Ganze nach Mickey Mouse klingt oder beim Runterstimmen nach Alien-Monster. Das Korrigieren funktioniert bei kleinen Pitch-Abständen sehr gut und bei größeren immerhin noch besser als ganz ohne Korrektur. Bei älteren Samplitude-Versionen war die Formantkorrektur nur für monophone Stimmen vorgesehen. Inzwischen lässt sich das Tool auch auf mehr-stimmiges Material anwenden. Zu erreichen ist es ebenfalls über den Objekt-Editor. In der Time/Pitch-Abteilung findest du die Schaltfläche „Bearbeiten". Damit öffnest du ein separates Fens-ter, in welchem die Formantkorrektur eingestellt werden kann.

Noch ein paar Worte zum Timestretching. Dabei wird das Klangmaterial quasi beschleunigt oder verlangsamt. Anders gesagt: Das Tempo wird schneller oder langsamer. Beim Anfertigen von Remixen ist dies ein wichtiges Hilfsmittel. Aber auch Timingschwankungen lassen sich durchaus nachträglich korrigieren, wenn es keine andere Möglichkeit gibt *[siehe Kapitel 16.3.]*.

12. Effektrouting

Befrage das Manual:
- Effekte
- Effekte-Signalfluss
- Effektreihenfolge
- Mixer
- Track-Editor
- PlugIn
- Advanced Dynamics
- Equalizer
- Effekt-Routing
- Objekteffekte
- Spureffekte
- Effekte im Mixer
- AUX-Routing
- Effekt-Send, Effekt-Return
- Mastereffekte

Das Thema Effekte spielt im Studioalltag eine große Rolle. Es ist quasi gar nicht die Frage, ob du Effekte nutzt, sondern eher wie oft, wie viel und wie gut. Alles in allem spielen beim Umgang mit Effekten unsere Hörgewohnheiten eine wesentliche Rolle, denn was wir täglich an Musik so um die Ohren bekommen, ist zu fast 100% in irgendeiner Weise durch Effektgeräte oder -algorithmen gejagt worden, so dass wir eher rohe Klänge inzwischen als unnatürlich empfinden.

In Samplitude sind die Effekt-Möglichkeiten riesig und für den Neueinsteiger eventuell auch unüberschaubar. Das kann verunsichern und die Frage aufwerfen, welche Effekt-Anwendung denn nun richtig ist und welche nicht. Im Grunde ist eigentlich alles richtig, was gefällt. Dabei sollte es aber nicht nur dir gefallen, sondern auch der allgemeinen Zuhörerschaft. Oder um es anders auszudrücken: Es ist wie immer gutes Zuhören und etwas musikalisches Gespür gefragt. Vor allem sollte dir immer bewusst sein, was du mit dem jeweiligen Effekt erreichen willst.

Dafür haben sich im Laufe der Tontechnik-Geschichte einige Einsatzgebiete herausgebildet:

> Aufnahmen verschiedener Stimmen und Instrumente müssen klanglich **angepasst** werden, damit sie später im Gesamtsound auch zusammen ein rundes Ganzes ergeben.
> Wenn Anpassung nicht mehr reicht, geht es eventuell sogar in den Bereich der **Korrekturen**.
> Unabhängig von Anpassung und Korrektur sollen diverse Effekte einfach **Lebendigkeit**, **Abwechslung** oder auch nur **Natürlichkeit** in den Sound einarbeiten.
> In bestimmten Situationen werden je nach Musikstil die Effekte selbst zum eigentlichen **Sound-Element**, welches vielleicht sogar den Song entscheidend prägt.

Bevor du zur eigentlichen Anwendung der Effekte kommst, was dann im nächsten Kapitel unter die Lupe genommen wird, solltest du wissen, wie der Signalfluss aussieht - um den Effekt herum aber auch in ihm selbst.

12.1. Interne Signalverarbeitung

Für das Klangergebnis ist es bei vielen Effekt-Typen durchaus entscheidend, wie die am Eingang anliegenden Signale **intern** verarbeitet werden. Während bei Geräte-Hardware die Bedienungsanleitung meist darüber Auskunft gibt, hast du es im Falle von Effekt-Software häufig etwas schwerer, wenn du konkretere Angaben über die Signalführung suchst. Meist hilft dann nur ausprobieren.

Damit du überhaupt weißt, was ich mit interner Signalverarbeitung meine, findest du nachfolgend ein paar typische Varianten:

Der einfachste Fall ist dieser: Du sendest ein Mono-Signal (zum 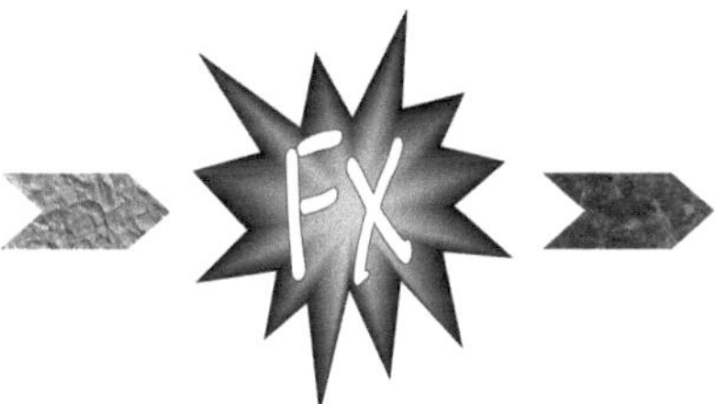 Beispiel Gesang oder eine Gitarre auf einer Einzelspur) in den Effekt und erhältst am Ende wieder ein Mono-Signal. Abgesehen vom Verhältnis von wet und dry hast du an anderen Mischungsverhältnissen eigentlich gar nichts weiter einzustellen. Im Software-Bereich ist diese Variante nicht sehr häufig vertreten.

Aus einem Mono-Signal kann aber auch ein Stereo-Signal  werden. Ein Chorus oder diverse Hall-Arten liefern häufig ein Stereo-Signal, selbst wenn ein Mono-Signal zugeführt wurde. Das kannst du dir natürlich auch bewusst zunutze machen, wenn du etwas mehr Breite möchtest. Machst du das aber mit allen Mono-Sounds, wird schnell Matsch daraus.

Auch beim Zuführen von Stereo-Signalen gibt es wieder ver- 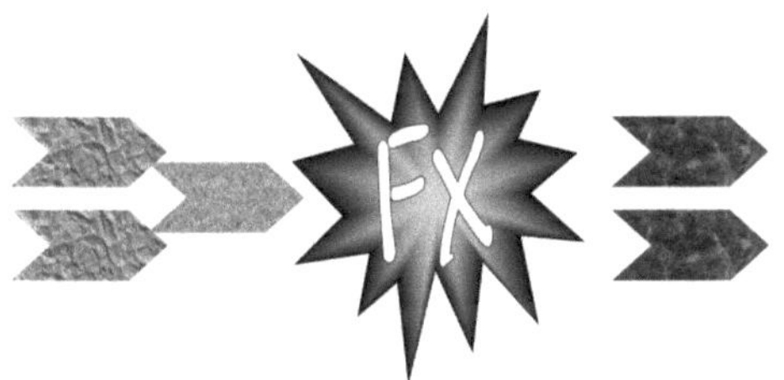 schiedene Arten der Signalverarbeitung. Bei einfachen Effekten werden die beiden Eingänge intern erst zu einer Mono-Summe gemischt und dann mit einem Stereo-Effekt versehen. Im schlechtesten Fall bekommst du sogar nur ein Mono-Ergebnis (nicht abgebildet).

Bei den meisten Stereo-Effekten wird eigentlich so gearbeitet,  dass das zugeführte Stereo-Signal auch als solches verarbeitet wird. Vor allem Hall-Effekte wirken so am natürlichsten, denn ein gewisser Hall-Anteil des linken Kanals landet auch im rechten Kanal und umgekehrt. Bei den meisten Software-Modulen kannst du von dieser Variante ausgehen.

Eine letzte Möglichkeit ist, dass beide Kanäle getrennt (diskret)  verarbeitet werden, als wären es zwei separate Mono-Effektgeräte. Das macht zum Beispiel für manche Bearbeitungen im Bereich der Dynamik durchaus Sinn.

12.2. Effektreihenfolge

Bis hier haben wir nur betrachtet, was innerhalb des Effektes passiert. Ebenso wichtig für das, was man Signalführung nennt, ist aber auch alles drum herum. Du musst die Effektbearbeitung immer als einen Gesamtprozess betrachten.

Oftmals von Einsteigern übersehen wird die Wichtigkeit der **Effektreihenfolge**. So ist es zum Beispiel ein Unterschied, ob ich ein Signal erst komprimiere und dann mit Hall versehe oder halt umgekehrt. Vertausche ich die Reihenfolge, wird die dann schon vorhandene Hallfahne durch den Kompressor je nach Einstellung angehoben. Auch bei der Kombination von Kompressor und Equalizer musst du aufpassen. Hebst du zum Beispiel bestimmte Frequenzbänder an, wirken sich diese eventuell verstärkt auf das Ansprechverhalten des Kompressors aus. Umgekehrt aber kannst du dir durch einen nachgeschalteten Equalizer auch Pegelspitzen schaffen, die der Kompressor schon fast beseitigt hatte. Andere Kombinationen (zum Beispiel Equalizer und Hall) sind dagegen relativ unkritisch, was die Reihenfolge angeht. Wie die Beispiele zeigen, kommt es also immer auf den Einsatzzweck an. Dementsprechend musst du dir also immer wieder vor Augen führen, was die einzelnen Effekte bewirken und wie sie arbeiten.

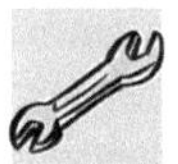

Schauen wir uns das Ganze in einem einfachen Beispiel an. Damit du den Unterschied auch gut hörst, werden wir etwas übertreiben. Wir arbeiten mit der Kombination aus Equalizer und Kompressor, wobei der Equalizer als Standard zunächst hinter dem Kompressor liegt. Das werden wir dann ändern:

> *Lade dir einen fertigen Titel, der eine kräftige Bass Drum enthält.*
> *Für die weiteren Einstellungen nutzt du den Mixer oder den Track-Editor.*
> *Wähle als PlugIn im Bereich Dynamik die „Advanced Dynamics".*
> *Wähle das Preset „Comp Max".*
> *Gehe in den Equalizer und stelle im ersten Frequenzband Gain auf 10 dB und Freq. auf 150 Hz.*
> *Gehe im Mixer oder im Track-Editor auf die Schaltfläche „FX".*
> *Im Fenster für das Effekt-Routing wählst du dann den Equalizer an und verschiebst ihn mit mehrfachem Klick auf die oberer Pfeil-Schaltfläche nach oben.*
> *Wenn der Equalizer über den FX Inserts angekommen ist, solltest du den Unterschied hören.*

12.3. Einsatzort in Samplitude

Als dritte Variable der Signalführung spielt auch eine Rolle, an welcher **Stelle des Bearbeitungsprozesses** du den Effekt anwendest. Beispielsweise ist es ein Unterschied, ob du einen Effekt auf eine Einzelspur schickst oder eine Summenbearbeitung vornimmst. Nehmen wir als Beispiel mal den Hall: Falls du diesen überhaupt in der Summe anwendest, wirst du damit eher den

Klangraum, also die Grundatmosphäre schaffen. In den Einzel-tracks dagegen setzt du dann eher speziellen effekthaften Hall ein. Aber Achtung - nur weil du in Samplitude zahlreiche Hall-Presets gefunden hast, musst du sie nicht gnadenlos abfeuern und jeden Track mit einem anderen Hall-Charakter belegen. Das wird eher chaotisch und vor allem undurchsichtig. Weniger ist hier oftmals mehr. Übrigens ist das oben erwähnte Schaffen einer Grundatmosphäre häufig sogar in den Einzelspuren besser aufgehoben, da dann der jeweilige Effektanteil separat geregelt werden kann.

In Samplitude hast du vier Möglichkeiten, um mit Effekten zu arbeiten. Von Einsteigern wird häufig übersehen, dass bereits **Einzelobjekte**, die in den Spuren sitzen, mit Effekten versehen wer-den können *[siehe Kapitel 11.1.]*. Auf diese Weise hast du natürlich sehr direkten Zugriff auf das Soundmaterial - wenn es not-wendig ist, dann eben auch sehr kleinschrittig im Bereich von ein-zelnen Silben oder separaten Tönen. Damit kannst du zum

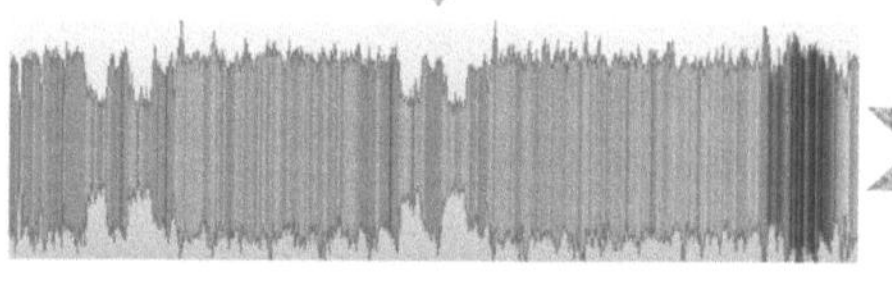

Beispiel den Schlusston eines Abschnittes mal richtig verhallen, ohne den Effekt im restlichen Ablauf dabeizuhaben. Oder ein Einzelton muss vielleicht nachträglich noch etwas nachgestimmt werden. All das funktioniert mit dieser Art der Effekteinbindung. Das macht zwar mehr Arbeit, ist aber bei bestimmten Korrekturen oder speziellen Effekten halt auch eine flexible Lösung. Du musst nur im späteren Mischprozess beachten, dass eventuelles Nachregeln nicht über den Mixer, sondern im Objekteditor erfolgt.

Die drei nachfolgenden Varianten kann man schon eher als Standard-Situationen bezeichnen, zumal diese Effekteinbin-dungen der Arbeitsweise entsprechen, die man auch bei Hardware-Effekten über Jahrzehnte angewendet hat.

Für die Beschreibung der **Insert-Effekte** gehen wir zunächst mal vom Hardware-Mischpult aus. Der Sound durchläuft den Kanalzug von oben nach unten. Wenn ich nun meinen Kompressor in Form eines externen Gerätes für diesen Sound verwenden möchte, muss ich also das Musik-

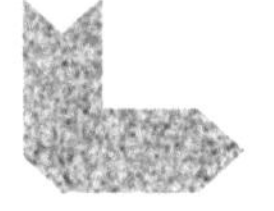

material aus dem Mischpult herausführen, durch den Kompressor schicken und wieder zum Mischpult leiten. Dazu wird der Signalfluss einfach unterbrochen. In Samplitude passiert im Grunde nichts anderes. Der Signalfluss wird unterbrochen, der Sound läuft durch das ausgewählte PlugIn und dann wieder zurück in den Kanalzug. Das funktioniert natürlich auch mit mehreren Effekten hintereinander, wobei du wieder auf eine sinnvolle Reihenfolge achten solltest *[siehe oben]*.

Geeignet ist diese Methode der Einbindung für alle Effekte, die mit dem vollen Signal versorgt werden müssen. An vorderster Stelle stehen dabei die Dynamikeffekte, denn diese sind in ihrer Arbeitsweise ja von der Lautstärke des Materials abhängig. Aber auch Vibrato und Tremolo, ein zusätzlicher Equalizer, ein Pitch-Shifter, die Korrektur-Effekte oder manchmal auch Chorus und Co. werden auf diese Weise angesteuert.

Die Anwendung dieser Effekt-Variante ist in Samplitude denkbar einfach. Als Ausgangsmaterial solltest du dieses Mal einen Einzelsound verwenden:

> *Lade dir also ein Instrument oder eine Stimme auf einen Track.*
> *Für die weiteren Einstellungen nutzt du den Mixer oder den Track-Editor.*
> *Wähle ein PlugIn, zum Beispiel aus der Abteilung Magix PlugIns in essentialFX den ChorusFlanger.*
> *Verwende ein beliebiges Preset.*

> *Regle über „Mix" das Verhältnis von bearbeitetem und unbearbeitetem Material. (In manchen PlugIns ist die Bezeichnung dafür auch anders oder es gibt sogar zwei getrennte Regler für wet und dry, also mit und ohne Effekt.)*

Etwas anders funktionieren die Zumisch- oder **Send-Effekte**.

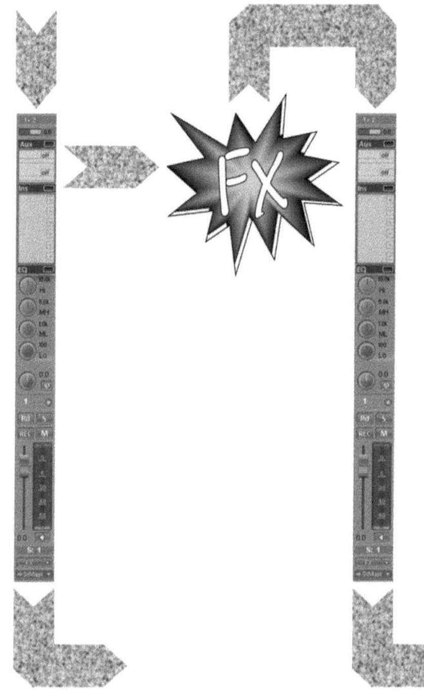

Hierfür wird das entsprechende Soundmaterial aus dem Kanalzug abgezweigt, ohne diesen zu unterbrechen. Für den Zweck als Effektweg erfolgt das Abzweigen normalerweise **post-fader**. Das bedeutet, dass der Hauptregler des Kanalzuges auch den Anteil mit steuert, der auf den Effektweg geschickt wird. Zusätzlich kannst du aber separat über den Aux-Regler eine grundsätzliche Einstellung festlegen. Das Signal wird nun durch den entsprechenden Effekt geführt und schließlich parallel als neues Material wieder in den Mixer geleitet (Return). Bei früheren (vor allem einfachen) Hardware-Mischpulten gab es pro Return nur einen einfachen Lautstärke-Regler. Da man aber auch den Effektanteil meist noch verfeinern möchte (zum Beispiel mit dem Equalizer), haben viele Tonleute den Rückweg einfach in einen normalen Kanal geführt. Heute und vor allem im Softwarebereich unterscheiden sich die Returns im Grunde nicht mehr von normalen Spur-Kanälen - so auch in Samplitude.

Diese vor allem für Hall genutzte Variante eröffnet dir natürlich auch die Möglichkeit, das Material mehrerer Spuren in unterschiedlichen Anteilen durch den gleichen Effekt zu schicken. Die Standardsituation wäre das schon erwähnte Schaffen und Designen des Atmosphären-Halls. Wichtig für dich ist, dass du bei mehreren Sends und Returns den Überblick behältst, welche Signale auf welchen Wegen laufen. (Also heißt es beschriften!)

Machen wir auch hier ein kleines Beispiel. Belege dazu mehrere Tracks mit Material. Am besten wäre es, wenn du bereits ein Mehrspur-Projekt mit Einzelsounds hättest:

- *Öffne den Mixer (Taste M).*
- *Klappe mit Klick auf das Dreieck links oben die AUX-Kanal-Liste auf.*
- *Wähle für alle Kanäle, die in den Effekt abgezweigt werden sollen, den ersten AUX-Weg an (Klick auf die Rechtecke, neben denen „off" steht).*
- *Die darunter liegenden kleinen Streifen sind quasi die Ausgangsregler. Ziehe diese in Abhängigkeit der gewünschten Lautstärke auf.*
- *Ziehe das Mixer-Fenster breiter, um den neuen AUX-Kanal sichtbar zu machen.*
- *Wähle im AUX-Kanal ein PlugIn, zum Beispiel aus der Abteilung Delay/Reverb den Raumsimulator.*
- *Verwende ein beliebiges Preset.*
- *Mache im Bereich „Mix" den Regler für das Original-Signal komplett zu und dafür den für Hall komplett auf, so dass aus dem PlugIn nur das verhallte Signal kommt.*
- *Mit dem Kanal-Regler des AUX-Kanals kannst du nun den Hall-Anteil global regeln, während du mit den Ausgangsreglern in den einzelnen Kanälen für jeden Sound separat die Hallstärke bestimmst.*

Letztlich hast du auch noch die Möglichkeit, die Gesamtsumme in der Mastersektion mit Effekten zu versehen. Wenn überhaupt, dann kommen hier meist Multiband-Kompressoren, Limiter oder manchmal auch vorsichtiger Hall zum Einsatz.

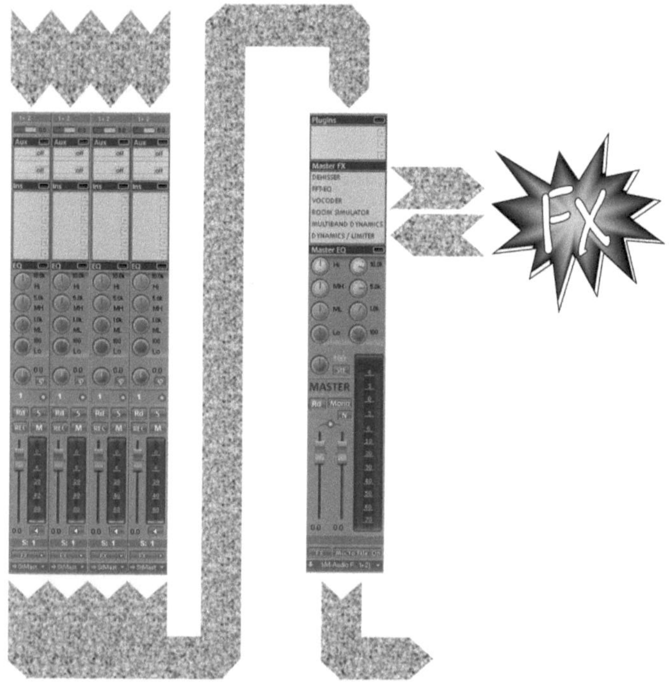

Wesentlich ausführlicher findest du das Gebiet des Effekteinsatzes in *Studio I Kapitel 5, Studio II Kapitel 12 bis 14* und vor allem im Buch *„Effekte-Praxis im Tonstudio"*.

13. Effektanwendung

Befrage das Manual:
- Equalizer
- Kompressor
- Reverb
- Delay
- Raumsimulator
- Chorus
- Flanger

In diesem Kapitel geht es weniger um diverse Vorgehensweisen, sondern es sollen dir einfach ein paar Beispiele mitgegeben werden, die dir den Start in die Welt der Effekt erleichtern sollen. Siehe das aber bitte nicht als Sammlung von Kochrezepten an, wo jedes Gramm genau stimmen muss. Es sind Anregungen und Hilfestellungen, die du auf jeden Fall variieren solltest. Gleiches gilt übrigens auch für die vielen Presets, die Samplitude in diversen PlugIns in reichlicher Zahl mitbringt.

Damit das Ganze nicht uferlos wird, werden wir uns hauptsächlich auf drei Bereiche konzentrieren:

> Der **Equalizer**: Hier gehen die Expertenmeinungen auseinander, ob das überhaupt ein Effekt ist. Fakt ist aber, dass ohne Equalizer wohl kaum eine vernünftige Abmischung möglich ist.
> Der **Kompressor**: Er wird häufig verwendet und stellt gleichzeitig ein kritisches Werkzeug dar, welches bei falschem Einsatz eine Menge kaputt macht.
> Die Abteilung **Hall**: Fast in allen Musikrichtungen wird mit künstlichen Hall-Räumen gearbeitet. Der Überblick über die vielen Möglichkeiten fällt dem Neueinsteiger oft schwer.

Ich habe den Einsatz dieser drei Bearbeitungswerkzeuge nachfolgend den wichtigsten Soundquellen zugeordnet und an einigen Stellen durch weitere Effekte ergänzt. Die Werteangaben erfolgen diesmal etwas stupide ohne größere Begründungen. Wenn du es genauer wissen willst, dann findest du in *Studio II Kapitel 12 bis 14* und generell in *Effekte* reichlich Lesestoff. Es werden nachfolgend auch nur die Werte beschrieben, die gegenüber der Standard-Einstellung verändert werden müssen!

13.1. Drums

Fangen wir gleich kompliziert an, denn ein Schlagzeug ist im Grunde kein kompaktes Instrument, sondern es besteht aus mehreren Einzelkomponenten, die in der Nachbearbeitung teilweise sehr unterschiedlich behandelt werden müssen. Widmen wir uns zunächst dem Equalizer.

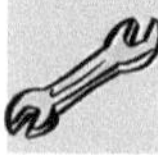 *Beginnen wir mit den* **Overheads**. *Da diese den gesamten Drumsound einfangen, ist auch das komplette Frequenzspektrum vertreten:* 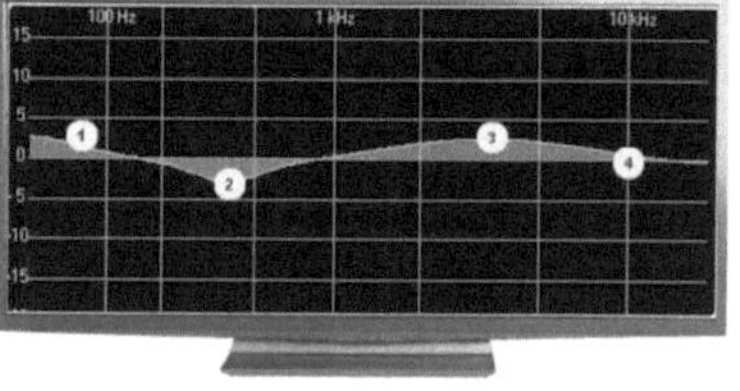

> ➤ *Band 1: 3 dB/ 60 - 70 Hz*
> ➤ *Band 2: -3 dB/ 400 Hz/ Q 2*
> ➤ *Band 3: 3 dB/ 3500 Hz/ Q 0,5*

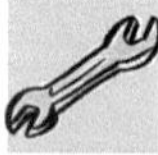 *Die* **Bass Drum** *ist die Schlagzeugkomponente, die den meisten Druck in dein Arrangement bringt. Für einen ausgewogenen Sound benötigst du den eigentlichen* 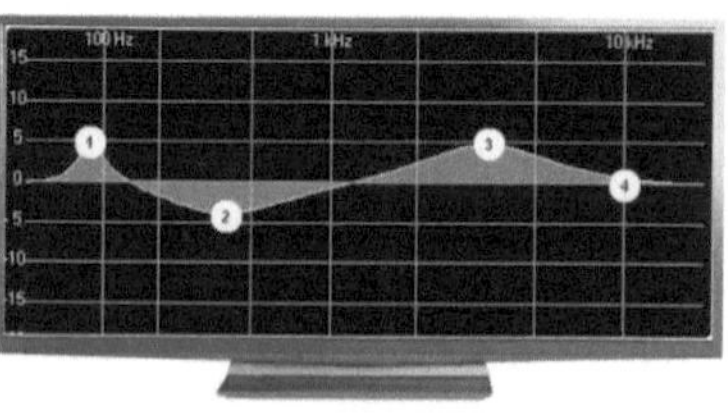 *Bassdruck und das Auftreffen des Schlegels:*

> ➤ *Band 1: 4 - 6 dB/ 60 - 100 Hz/ Peak Q 2*
> ➤ *Band 2: -3 dB/ 400 Hz/ Q 2*
> ➤ *Band 3: 4 - 6 dB/ 3500 Hz/ Q 0,5*

 *Der Klang der* **Snare** *kann ähnlich bearbeitet werden, allerdings in teilweise anderen Frequenzabschnitten:*

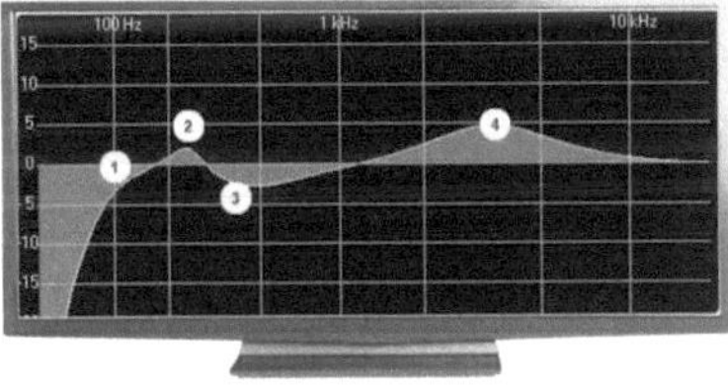

> ➤ *Band 1: 100 Hz/ Low Cut*
> ➤ *Band 2: 4 - 6 dB/ 150 - 300 Hz/ Q 2*
> ➤ *Band 3: -4 dB/ 400 Hz/ Q 1*
> ➤ *Band 4: 5 dB/ 3500 Hz/ Peak Q 1*

 *Die* **Toms** *lassen sich nicht pauschal beschreiben. Einerseits liegen zwischen den größten und kleinsten dieser Instrumente schon klangliche Welten. Andererseits kommt es darauf an, wie viele Toms bei der Mikrofonierung gleichzeitig auf der jeweiligen Spur verewigt wurden. Wir gehen im Moment mal von einem separaten Track pro Tom aus:*

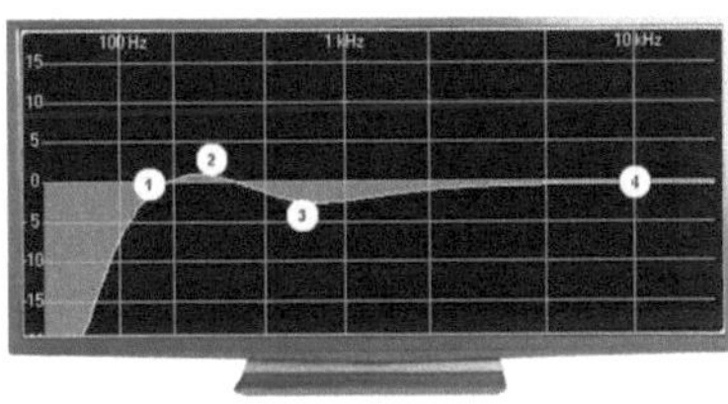

> ➤ *Band 1: 150 Hz/ Low Cut*
> ➤ *Band 2: 3 dB/ je nach Tom 80 - 500 Hz/ Q 0,5*
> ➤ *Band 3: -4 dB/ 400 - 800 Hz/ Q 1*

 *Kommen wir nun noch zu den Metallelementen des Schlagzeugs. Die* **HiHat** *ist nicht unwesentlich für das Song-Timing. Sie sollte also auch prägnant zu hören sein:*

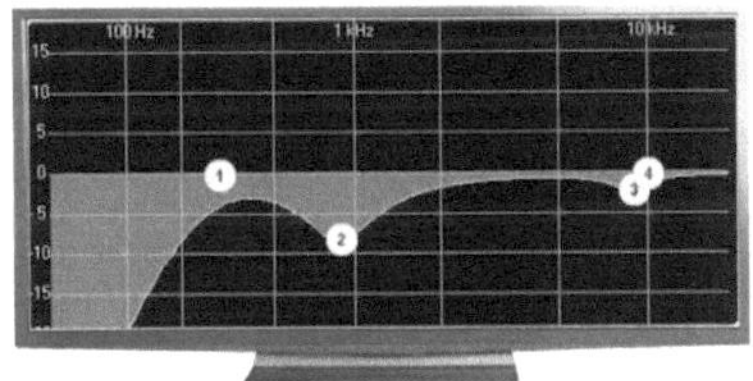

> ➤ *Band 1: 300 Hz/ Low Cut*
> ➤ *Band 2: -8 dB/ 900 Hz/ Q 1,5*
> ➤ *Band 3: -2 dB/ 8000 - 10000 Hz/ Q 5*

 *Die **Becken** sind aus ähnlichem bis gleichem Material wie die HiHat. Sie werden demzufolge auch nahezu identisch gehandhabt. Beachte: Je kleiner die Becken sind, desto höher kannst du den Low Cut ansetzen:*

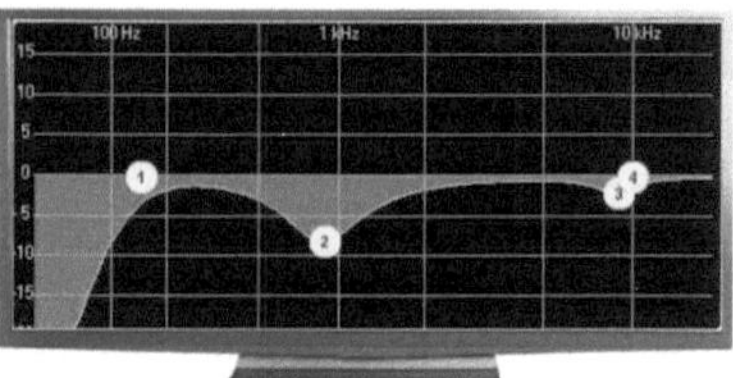

> *Band 1: 150 Hz/ Low Cut*
> *Band 2: -8 dB/ 900 Hz/ Q 1,5*
> *Band 3: -2 dB/ 8000 - 10000 Hz/ Q 5*

Kommen wir zum Einsatz des Kompressors. Bei keinem anderen Instrument dürften Fluch und Segen des Kompressors so dicht beisammen stehen. Das liegt vor allem an der so wichtigen Rolle der **Transienten**. Damit bezeichnet man den kurzen Einschwingvorgang, der beim Schlagzeug prinzipbedingt sehr energiereich ist und eine große Pegelspitze aufweist. (Für die Beispiele kannst du den Kompressor im PlugIn „Dynamics" nutzen. Ich gebe Durchschnittswerte für Attack, Release und Ratio an sowie in manchen Fällen auch eine mögliche Spanne in Klammern. Du musst dann mit dem Threshold-Regler eine Anpassung an dein Musikmaterial vornehmen, bis sich die angegebene Gain Reduction ergibt. Diese kannst du im Kompressor als Skala ablesen.)

 *Wenn du die Drums als **Summe** komprimieren möchtest, kannst du mit einem Attack von 20 bis 25 ms anfangen und dich dann nach unten vortasten:*

> *Attack:*   *15 ms (5 - 20 ms)*
> *Release:*   *100 ms (30 - 200 ms)*
> *Ratio:*   *6:1 (4:1 - 8:1)*
> *Gain Reduction:*   *-4 dB*

 *Falls ein etwas entferntes **Raummikro** ebenfalls das Schlagzeug aufgefangen hat, dann sollte auch diese Spur etwas komprimiert werden:*

- ➢ *Attack:*   *1 ms*
- ➢ *Release:*   *500 ms*
- ➢ *Ratio:*   *4:1*
- ➢ *Gain Reduction:* *-5 dB*

*Die Spuren der **Overhead**-Mikros ähneln sehr den Summenspuren des Schlagzeugs. Demzufolge sind auch die Werte ähnlich. Diese Einstellungen eignen sich auch recht gut für eventuell vorhandene separate **Tom**-Spuren:*

- ➢ *Attack:*   *10 ms*
- ➢ *Release:*   *150 ms*
- ➢ *Ratio:*   *5:1 (4:1 - 6:1)*
- ➢ *Gain Reduction:* *-4 dB*

*Die sehr wichtigen Drum-Komponenten **Bass Drum** und **Snare** sollten sich im Gesamtmix einerseits durchsetzen und andererseits aber auch einen Sound mit Charakter haben. Hier ist also besonders das richtige Verhältnis von Transienten und Nachklang gefragt:*

- ➢ *Attack:*   *10 ms*
- ➢ *Release:*   *150 ms*
- ➢ *Ratio:*   *4:1 (3:1 - 6:1)*
- ➢ *Gain Reduction:* *-4 dB*

Kommen wir noch zum Bereich Hall. Im **Summensignal** der Drums solltest du relativ vorsichtig mit Reverb-Effekten umgehen. Vor allem dann, wenn der Aufnahmeraum schon etwas Nachklang besitzt, hast du diesen normalerweise schon mit den Overheads eingefangen und musst künstlich kaum nachlegen. Ist dir der Klang dennoch zu trocken, dann arbeite vorsichtig und nutze beispielsweise aus dem Raumsimulator Programme wie Room oder Ambience - es sollten also kurze Hallzeiten verwendet werden.

Die Einzelspuren von **Bass Drum** und **HiHat** werden üblicherweise trocken belassen. Bei **Snare** und **Toms** kannst du dagegen sogar mit einer Mischung aus zwei Hallarten spielen. Für eine angenehme Räumlichkeit sorgen auch hier Ambience-Effekte.

Um das Ganze dann in einen größeren Raum zu stellen, kannst du zusätzlich einen dichten Hall mit längerer Hallzeit vorsichtig dazugeben. Eine Sache solltest du aber für beide Hallarten beachten: Verwende möglichst ein Hallprogramm, welches es zulässt, ein Pre-Delay für den Einsatz des Effektes zu definieren. Setzt du nämlich den Hall sofort auf den eigentlichen Schlag, dann vermatscht es dir die so wichtigen Transienten und du büßt eine Menge an Knackigkeit ein. Die Delay-Zeit kannst du nach Gehör setzen, oder du richtest dich nach dem Songtempo und lässt beispielsweise eine Sechzehntel Platz.

Gerade bei der Snare ist es auch möglich, den Klangraum mit einem Delay anstatt des Halls zu schaffen. Das entstehende Echo kannst du vom Zeitwert her bis zu einer Achtelnote entsprechend des Songtempos setzen. Dabei muss das Ganze nicht genau auf Achtel, Sechzehntel usw. laufen, sondern auch punktierte oder triolische Werte sind möglich und meist sogar interessanter vom Klangergebnis her.

13.2. Akustik-Gitarre

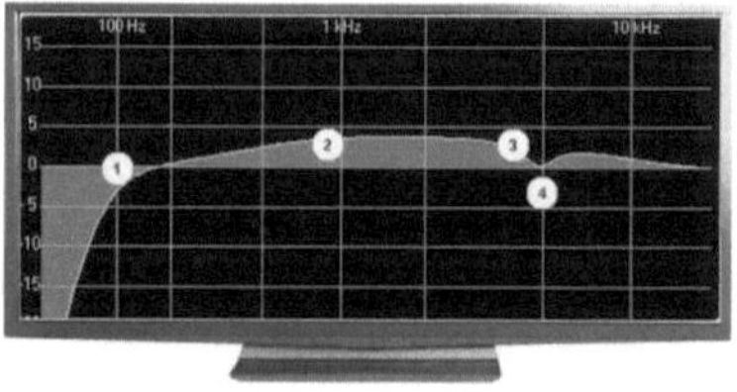

Das Equalizing der Akustik-Gitarre ist eine Sache, wo besonders viel Fingerspitzengefühl gefragt ist. Bei falschen Einstellungen wird das Klangbild schnell mal plärrig oder matschig:

> *Band 1: 100 Hz/ Low Cut*
> *Band 2: 3 dB/ 900 Hz/ Q 0,5*
> *Band 3: 3 dB/ 4000 Hz/ Q 0,5*
> *Band 4: -3 dB/ 5000 Hz/ Peak Q 5*

Generell gilt für akustische Instrumente, dass du mit zu viel Kompression das Authentische und schlicht das Leben des Instrumentes reduzierst oder sogar komplett

an die Wand fährst. Gehe also behutsam vor und setze im Zweifelsfall eher auf moderate Einstellungen:

- ➢ *Attack:*   *15 ms (10 - 25 ms)*
- ➢ *Release:*   *200 ms*
- ➢ *Ratio:*   *4:1 (3:1 - 5:1)*
- ➢ *Gain Reduction:*   *-4 dB*

Handelt es sich um Material mit längeren Tönen, die eher Melodiecharakter haben, dann solltest du den Attack-Wert etwas verlängern und Release dafür ein Stück verkürzen.

Die Akustik-Gitarre ist ein Naturinstrument, und du solltest sie auch als ein solches behandeln, wenn du es nicht gerade auf spezielle Verfremdungen abgesehen hast. Für den Hall sind hellere Räume mit guten Höhen angebracht. Wenn das Ganze dann immer noch natürlich genug klingen soll, dann drehe den Hall-Anteil nicht zu weit auf.

13.3. E-Gitarre

 *Die **E-Gitarre** wird sehr vielfältig eingesetzt. In den meisten Fällen soll sich ihr Sound im Arrangement durchsetzen und gleichzeitig eine gewisse Wärme mitbringen:*

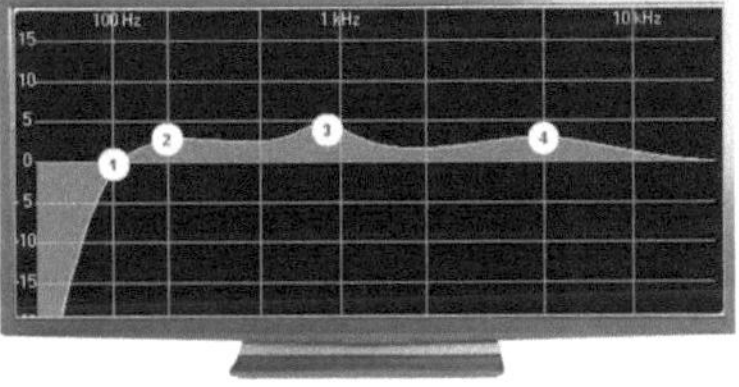

- ➢ *Band 1: 100 Hz/ Low Cut*
- ➢ *Band 2: 3 dB/ 200 Hz/ Q 0,5*
- ➢ *Band 3: 4 dB/ 900 Hz/ Q 2*
- ➢ *Band 4: -3 dB/ 4000 - 6000 Hz/ Peak Q 0,7*

Für das Komprimieren der E-Gitarre gibt es zwei Faustregeln: Je kürzer die Töne sein sollen, desto weniger solltest du komprimieren. Und: Je mehr verzerrt der Sound ist, desto niedriger solltest du den Ratio-Wert wählen:

> *Attack:*   *10 ms*
> *Release:*   *200 ms*
> *Ratio:*   *3:1 - 6:1*
> *Gain Reduction:* *-4 dB*

Der E-Gitarrist bringt normalerweise seinen gewünschten Sound schon mit, das heißt, diverse Verzerrungen und auch andere Effekte sind bereits enthalten. Neben der Verzerrung ist der **Flanger** ein gern genutzter Effekt. Einen breiteren Sound erreichst du damit, indem du eine schnelle Geschwindigkeit einstellst und bei der Modulationstiefe nicht zu zimperlich bist. Möchtest du dagegen einen Sound der Marke Düsenjet, dann brauchst du eine viel langsamere Geschwindigkeit und vor allem gehörig Resonanz. Auch der **Chorus** ist für E-Gitarren einsetzbar. Mit relativ hohen Geschwindigkeiten und einer kleinen Modulationstiefe erreichst du schöne schwebende Klänge.

Im Bereich **Hall** musst du wieder vorsichtig arbeiten. Die E-Gitarre soll in den meisten Fällen präsent im Vordergrund stehen. Deshalb sind kurze Hallzeiten von unter einer Sekunde angebracht. Auch die Lautstärke des Hallanteiles müsste eher im gerade noch wahrnehmbaren Bereich liegen. Außerdem leiden viele Gitarrensounds, wenn der Hallanteil zu viele Höhen enthält.

Auch mit einem **Delay** lassen sich schöne Effekte bei der E-Gitarre bewirken. Willst du den Klang einfach nur fetter machen, dann wähle eine Verzögerungszeit zwischen 10 und 30 ms und verteile das Original und das Delay-Signal im Panorama. Bei wenig verzerrten Gitarren kannst du das Delay auch für vordergründigere Echos nutzen. Wie schon bei den Drums erwähnt wurde, kannst du den Zeitwert mit dem Songtempo synchronisieren.

13.4. E-Bass

Die Einstellung des Equalizers beim **E-Bass** hängt vom Einsatzzweck des Instrumentes ab. Normalerweise hat es Bass-Funktion, aber es kann auch mal zum Melodie-Instrument werden.

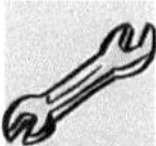 *Wir gehen zunächst vom Normalfall aus und kümmern uns um die Basslage:*

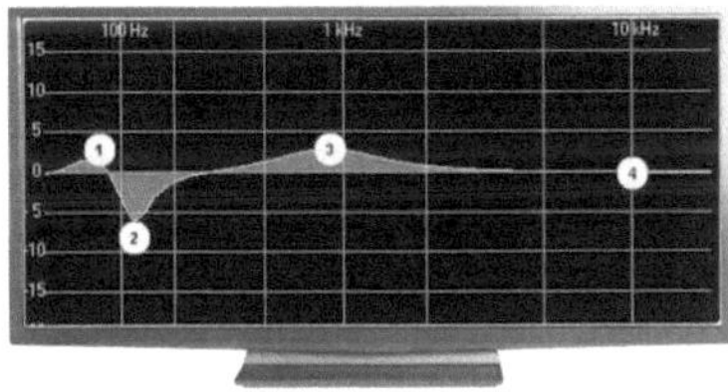

- ➢ *Band 1: 3 dB/ 70 Hz/ Peak Q 0,8*
- ➢ *Band 2: -8 dB/ 90 - 150 Hz/ Q 0,2*
- ➢ *Band 3: 3 dB/ 900 Hz/ Q 1*

 *Der **Slap-Bass** wäre ein typischer Fall, wo der Bass eher Melodie-Funktion hat. Dabei kommt es dann also gar nicht so sehr auf die Tiefen des geslapten Basses an:*

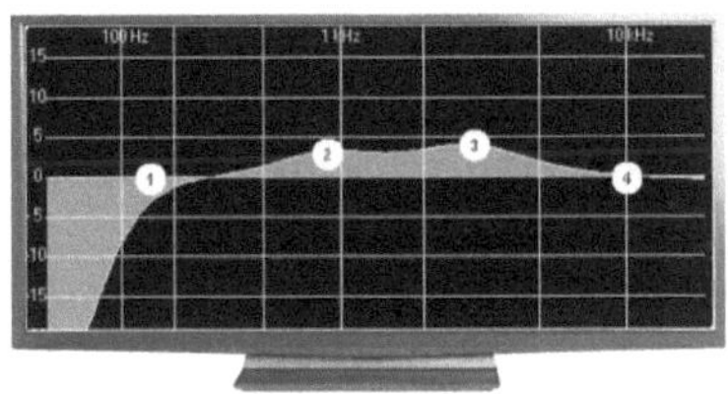

- ➢ *Band 1: 150 Hz/ Low Cut*
- ➢ *Band 2: 3 dB/ 900 Hz/ Q 1*
- ➢ *Band 3: 4 dB/ 3000 Hz/ Q 1*

 *Auch beim E-Bass sollte die Einschwingphase prägnant zu hören sein. Ansonsten gibt es nur einen flachen Bass-Brei:*

- ➢ *Attack:*   *70 ms*
- ➢ *Release:*   *500 ms*
- ➢ *Ratio:*   *3:1 (2:1 - 4:1)*
- ➢ *Gain Reduction:* *-10 dB*

 *Wenn der E-Bass als **Slap-Bass** gespielt wird, solltest du die Zeitwerte kürzer wählen:*

- ➢ *Attack:*   *10 ms*
- ➢ *Release:*   *70 ms*
- ➢ *Ratio:*   *10:1*
- ➢ *Gain Reduction:* *-12 dB*

Für die Effektbearbeitung beim E-Bass gibt es nicht allzu viel zu sagen, da sie im Grunde kaum stattfindet. Der Bass soll gemeinsam mit der Bass-Drum das Fundament bilden und deshalb relativ geradlinig und clean aus der Stereomitte kommen.

13.5. Solo-Vocals

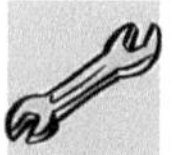 *Die Stimme ist bei vielen Titeln das Aushängeschild. Nun wissen wir, dass selbst bei gleicher Tonhöhe und Lautstärke der Stimmklang eine sehr individuelle Sache ist. Die* 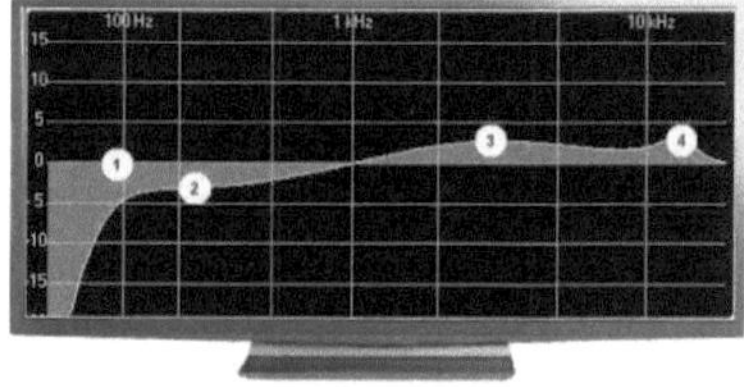 *nachfolgenden Angaben sind also stark pauschalisiert, um dir wenigstens einen Anhaltspunkt zu geben. Beginnen wir mit* **Männerstimmen***:*

> *Band 1: 90 Hz/ Low Cut*
> *Band 2: -3 dB/ 240 Hz/ Q 0,5*
> *Band 3: 2 - 4 dB/ 1000 - 6000 Hz/ Q 0,5*
> *Band 4: 3 dB/ 12000 - 15000 Hz/ Peak Q 3*

 *Bei den* **Frauenstimmen** *gehst du im Grunde analog vor. Durch den anderen „Arbeitsbereich" der weiblichen Stimmen verlagern sich nur die angesprochenen Bereiche:* 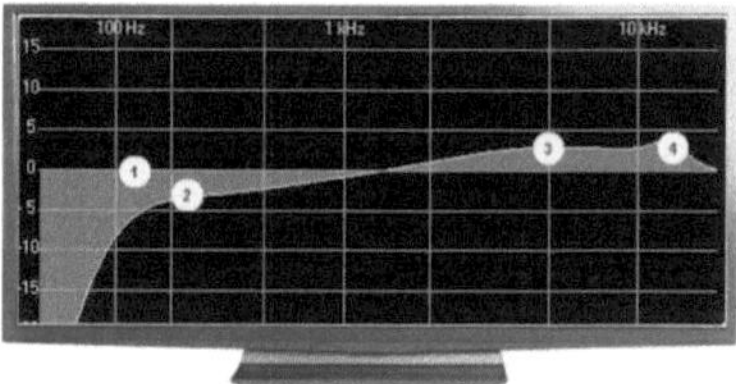

> *Band 1: 130 Hz/ Low Cut*
> *Band 2: -3 dB/ 240 Hz/ Q 0,5*
> *Band 3: 2 - 4 dB/ 3000 - 7000 Hz/ Q 0,5*
> *Band 4: 3 dB/ 12000 - 15000 Hz/ Peak Q 3*

Für die Kompression des Solo-Gesangs kannst du beide Stimmregister gleich behandeln. Je nach Notenlängen und Songtempo musst du die angegebenen Werte noch etwas nachbessern:

- ➢ *Attack:*   *10 ms*
- ➢ *Release:*   *50 ms*
- ➢ *Ratio:*   *4:1 (2:1 - 5:1)*
- ➢ *Gain Reduction:* *-8 dB*

Gerade bei den Effekten musst du dir immer bewusst machen, dass die Stimme das Markenzeichen des jeweiligen Titels ist. Für die Auswahl eines perfekten **Reverb**-Algorithmus' solltest du dir ruhig Zeit nehmen. Probiere mehrere Varianten aus - sowohl solistisch als auch im Kontext des Arrangements. Zum Durchtesten kannst du den Hallanteil ruhig etwas mehr aufdrehen. Im Endergebnis sollte dann aber der trockene Anteil die Präsenz übernehmen. Wie viel Hall das am Ende ist, hängt von vielen Faktoren ab, aber du kannst sicher nachvollziehen, dass eine romantische Ballade mehr verträgt als eine Nummer aus der HipHop-Szene.

Auch das **Delay** kann wieder eine Alternative zum Hall sein. Insbesondere wenn der Hall die Gesangskonturen zu sehr verwischt, solltest du mal versuchen, mit dem Delay den Klangraum zu definieren.

13.6. Chor

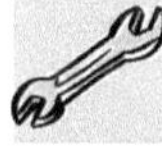 *Bei Chorstimmen und auch bei Backing Vocals kommt es nicht auf einen so prägnanten klanglichen Vordergrund an. Es geht mehr um den Gesamtklang:*

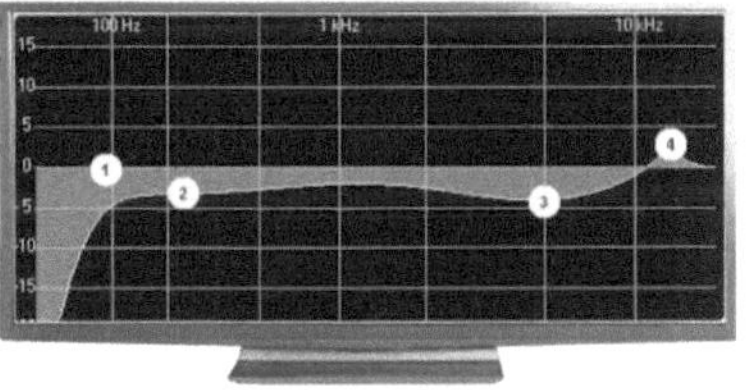

- ➢ *Band 1: 90 Hz/ Low Cut*
- ➢ *Band 2: -3 dB/ 240 Hz/ Q 0,5*
- ➢ *Band 3: - 4 dB/ 3000 - 7000 Hz/ Q 0,5*
- ➢ *Band 4: 3 dB/ 13000 Hz/ Peak Q 3*

*Wenn du **Ensemble**-Tracks komprimierst, kannst du den Attack-Wert meist relativ kurz wählen. Insbesondere bei eher klassisch klingenden Chorstimmen musst du behutsam vorgehen, um die natürliche Dynamik nicht plattzumachen:*

- ➢ *Attack:* 1 ms
- ➢ *Release:* 50 ms
- ➢ *Ratio:* 3:1
- ➢ *Gain Reduction:* -4 dB

13.7. Allgemeine Ergänzungen zum Kompressor

Wie bereits erwähnt, sind alle angegebenen Einstellungen kein Gesetz. Letztlich solltest du das Ganze als Hilfestellung ansehen und einen Zugang zu der nicht einfachen Welt der Kompressoren finden. Ziel ist es aber eigentlich, dass du ein Gespür dafür entwickelst, wie du mit dem Kompressor umgehen musst. Ausführliche Hilfestellungen findest du dazu auch in *Studio II Kapitel 13.8.* und in *Effekte Kapitel 8.*

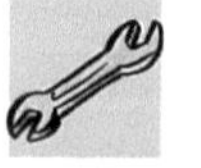

*Eine spezielle Variante möchte ich dennoch kurz anreißen. Vielleicht hast du schon mal etwas von **Parallel-Kompression** gehört. Dafür benötigst du das entsprechende Signal in doppelter Ausführung. In Samplitude geht das am einfachsten, wenn du es auf eine weitere Spur kopierst und diese Spur durch den Kompressor schickst:*

- ➢ *Attack:* 1 ms
- ➢ *Release:* 350 ms (250 - 500 ms)
- ➢ *Ratio:* 3:1 (2:1 - 4:1)
- ➢ *Gain Reduction:* -15 dB

Nach erfolgter Einstellung mischst du dieses Signal mit dem unkomprimierten auf der anderen Spur, und zwar nur so laut, dass du das komprimierte gerade wahrnehmen kannst. Das Ergebnis ist ein Signal, welches einerseits sehr dynamisch bleibt und andererseits trotzdem verdichtet klingt. Du bewahrst dir also trotz des kompakteren Klanges einen Großteil der Dynamik des

Original-Signals. Obwohl dieses Verfahren ursprünglich für die Drums entwickelt wurde, funktioniert es auch mit anderen Sounds sehr gut. Falls dir der Effekt nicht hörbar genug ausfällt, dann ändere nicht nur das Mischungsverhältnis, sondern erhöhe ruhig auch den Ratio-Wert. Je nach Ausgangssound und gewünschtem Ergebnis kannst du auch mal bis zu 10:1 gehen.

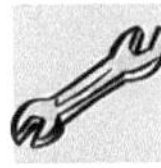 *Eine abgewandelte Variante wird bei-spielsweise gern bei Drums verwendet, die noch mehr verdichtet werden sollen. Dafür bearbeitest du die zu komprimierende Spur zusätz-lich mit dem Equalizer. Achte darauf, dass bei der Effekt-Reihenfolge der Equalizer vor dem Kompressor sitzt:*

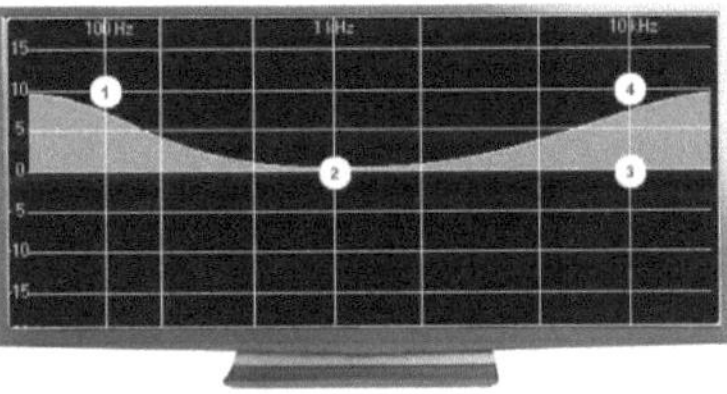

> *Band 1: 10 dB/ 100 Hz/ Shelving*
> *Band 4: 10 dB/ 10000 Hz/ Shelving*

14. Mixdown

Befrage das Manual:
- 📖 Mausmodi und Mausmodusleiste
- 📖 Arbeitstechnik mit Objekten
- 📖 Mixer
- 📖 Equalizer
- 📖 Panorama
- 📖 Stereo-Editor
- 📖 Surround
- 📖 Automation
- 📖 Master-Sektion
- 📖 Kompressor, Limiter, Multiband Dynamics
- 📖 PlugIns
- 📖 Trackbouncing
- 📖 Exportieren

Die Überschrift ist eventuell etwas irreführend, denn das Abmischen beginnt ja indirekt schon bei der Aufnahme und ist bei den gerade beschriebenen Effekteinsätzen in vollem Gange. Wollte man jede Nuance des Mischprozesses ausloten, bräuchte man eher separate Bücher, doch die gibt es ja schon *[siehe Empfehlungen Kapitel 17]*. Deshalb beschränke ich mich an dieser Stelle auf einige Hinweise, die für dich als Denkanstöße gedacht sind.

Von der Vorstellung her müssen die einzelnen vorliegenden Tracks zu einer Masterspur zusammengefasst werden, was aber deutlich mehr ist, als nur mal eben alle Regler hochzuschieben. Die Reihenfolge der Abhandlung in diesem Kapitel muss dabei nicht zwangsläufig deine Arbeitsreihenfolge sein, aber es steckt zumindest ein kleines Stück Logik drin.

14.1. Spuren bereinigen

Ein in Amateurkreisen gern vergessener und für nicht so wichtig gehaltener Schritt ist das Bereinigen der verwendeten Tracks. Es geht dabei vor allem um Abschnitte, in denen die jeweilige Klangquelle nichts zu tun hat, außer die Aufnahme zu verrauschen. Diese Parts sollten also entfernt werden. Im *Kapitel 10.2.* wurden die entsprechenden Schnitt-Techniken dafür bereits beschrieben.

14.2. Summieren

Das Summieren, Abmischen, Auspegeln (oder wie es auch immer heißen mag) ist ein recht zentraler Vorgang, der sich eigentlich vom Anlegen des Songprojektes bis zum fertigen Ergebnis hinzieht. Du solltest schon relativ zeitig die groben Pegelverhältnisse herstellen, aber du wirst im Laufe des Arbeitsprozesses immer wieder darauf zurückkommen müssen. Arbeite dabei vom Allgemeinen zum Speziellen und halte dich vor allem anfangs nicht ewig an Kleinigkeiten auf. Feinarbeit kommt später und dabei werden im Normalfall die schon gemachten Einstellungen immer mehr verfeinert.

Bedenke immer, dass am Ende der Gesamtsound stimmen muss. Es wäre daher die völlig falsche Herangehensweise, jede Spur für sich gut klingen zu lassen und erst dann auf Summe zu schalten. Im Gegenteil - versuche so wenig wie möglich solo zu hören und passe den Sound an das Gesamtklangbild an. Bei richtig guten Produktionen klingt recht häufig so mancher Einzel-Track fade bis nackig. Aber in der Summe passt es halt genau so.

Mit dieser Vorgehensweise solltest du Schritt für Schritt die schon beschriebenen Bearbeitungen an den Tracks vornehmen. Arbeite also den Equalizer ein, finde die richtigen Kompressor-Einstellungen und setze eventuelle Effekte *[siehe Kapitel 13]*. Korrigiere dabei immer wieder deine Pegelverhältnisse, so dass die Lautstärken der einzelnen Sounds auch nach dem Hinzuziehen eines Bearbeitungsmoduls immer noch stimmen. Betrachte aber auch die gemachten Einstellungen im großen Zusammenhang. Beispielsweise habe ich zum Equalizer Bearbeitungsvarianten für einzelne Sounds angeboten. Es kann aber trotzdem passieren, dass in deinem konkreten Titel ausgerechnet zwei Instrumente aufeinander treffen, die im gleichen Frequenzband liegen. Also musst du natürlich eine angepasste Variante finden, um einen Frequenzstau zu vermeiden.

 *Insgesamt gibt es kein Universalrezept für die richtige Reihenfolge beim Mixen. Aber viele Tonleute beginnen mit dem Abmischen der Drums als rhythmisches Rückgrat oder der Ausformung der Basslinie, die das harmonische Grundgerüst liefert. Meist wird beides auch parallel bearbeitet. Ein guter Einstieg ist es, wenn im Mixer die Regler dieser Spuren im Bereich von -5 bis -7 dB liegen. Passe dann die anderen Spuren entsprechend an. Insgesamt solltest du für den Anfang nicht zu hoch aussteuern. Für das Hervorheben einer Spur ist es manchmal sogar besser, die anderen Tracks abzusenken. Ich achte dabei auch immer darauf, dass die Einzelfader nur im Ausnahmefall höher stehen als der Master-Regler.*

14.3. Panorama

Der übliche Zugang zur Panorama-Funktion ist der zugehörige Regler, der im Mixer oberhalb und im Track-Editor seitlich neben dem Kanalfader sitzt. Er verschiebt ein Mono-Signal auf der Stereobreite oder regelt bei einem Stereo-Signal das Lautstärkeverhältnis der beiden Kanäle. Weitere Möglichkeiten an Einstellungen und Details eröffnen sich bei einem Blick in den Stereo-Editor, den du mit Rechts-Klick auf den Regler erreichst.

Zunächst solltest du dir klarmachen, welche Ziele wir überhaupt mit der Bearbeitung des Panoramas verfolgen:

> ➢ Einerseits soll durch die geschickte Positionierung der Einzelsounds eine gewisse **Durchsichtigkeit** im Klangbild geschaffen werden.
> ➢ Andererseits erzeugst du **räumliche Breite** durch bewusste Nutzung des gesamten Panoramas.
> ➢ Der Einsatz von **Panning-Effekten** kann etwas Besonderes bis Ausgefallenes schaffen, sollte aber wohl dosiert verwendet werden.

Gehen wir von einer durchschnittlichen Band-Aufnahme aus. Wenn du eine solche vorliegen hast, dann probiere folgende Einstellungen ruhig mal aus:

> *In die **Mitte** gehören der Bass, die Bassdrum und weitere Sounds, die sehr basslastig sind. Außerdem wird meist die Snare mittig platziert, obwohl sie beim Drumset nicht in der Mitte steht. Nicht zuletzt sollte natürlich die Hauptmelodie aus der Mitte kommen, also die sogenannten Lead Vocals und auch Instrumental-Soli.*
> *Etwas **seitlich** (ungefähr auf der Hälfte zwischen Mitte und Seite) wird gern die HiHat platziert. Auch diverse Perkussion-Instrumente passen dort prima hin.*
> *Die restlichen Sounds solltest du dann **sinnvoll verteilen**, so dass das Panorama gut genutzt wird und sich nicht zu viele Tracks auf einer Position befinden.*
> *Sounds, die sich in Klang und Funktion ähneln, solltest du im Panorama auseinander legen, zum Beispiel die HiHat auf die eine Seite und einen Shaker auf die andere.*

Ergänzend zu den gerade gemachten Angaben gebe ich dir noch folgende Tipps mit auf den Weg:

> Beim **Doppeln** von Vocals klingt es meist ganz gut, wenn die einzelnen Stimmen leicht auseinander gelegt werden. Das gilt ebenso für gedoppelte Instrumente.
> Sounds vom **Synthesizer** gibt es je nach Gerät in mono oder voll in stereo. Damit meine ich, dass durch die Soundprogrammierung und eventuelle geräte-interne Effektwege der Sound wirklich von einer Seite bis zur anderen des Panoramas reicht. Für eine dicke Soundfläche ist das ja vielleicht schick, aber häufig macht so ein breiter Klang die Arbeit an einem durchsichtigen Klangbild nicht unbedingt leichter, da der Sound quasi überall sitzt

und den Rest verdrängt. Du kannst natürlich radikal auf mono umschalten. Wenn dieser Eingriff zu drastisch ist, dann reduziere im Stereo-Editor die Breite des Sounds.

Insgesamt ist bei der Arbeit am Panorama natürlich immer mal ein Blick auf Richtungs- und Korrelationsmesser Pflicht *[siehe Kapitel 2.4.]*.

14.4. Surround

Zugegeben - alles, was über das normale Stereobild hinausgeht, ist eigentlich nicht mehr unbedingt Neueinsteiger-Materie. Aber ein paar Bemerkungen möchte ich als Anregungen trotzdem loswerden.

Eine Möglichkeit, das Panorama einer Stereo-Mischung zu erweitern, ist eine **verbreiterte Stereo-Basis** (quasi als Vorstufe von Surround). Der Stereo-Editor bietet hier die Möglichkeit, Material so zu platzieren, als würde es außerhalb der Lautsprecherlinie sitzen. Im Grunde sind das psychoakustische Tricks, die dem Ohr etwas vorgaukeln, was real so nicht stattfindet. Das kann durchaus mal interessant klingen, wenn man den Eindruck hat, der Sound kommt extrem von der Seite oder sogar von hinten, obwohl da gar kein Lautsprecher steht. Andererseits nutzen sich solche Effekte auch schnell ab, wenn sie ständig eingesetzt werden. Außerdem leidet in vielen Fällen die Monokompatibilität!

Eine andere interessante Möglichkeit stellt das Mischen in **Surround** dar. Wenn wir darüber intensiver nachdenken, ergibt sich im Grunde eine Schwierigkeit. Wir können uns klar vorstellen, was mono und stereo ist. Doch hinter dem Begriff surround verbirgt sich eine Vielzahl von möglichen Formaten, sowohl genormte als auch solche ohne festgelegten Standard. Für die Arbeit im Bereich Musik kommen wohl am ehesten folgende beiden Formate in Frage:

> Das **4-Kanal-Surround** ist hauptsächlich unter der Bezeichnung Dolby Surround bekannt. Es nutzt neben dem linken und rechten Stereo-Kanal einen zusätzlichen Mittenkanal und einen Surround-Kanal. Der große Vorteil ist, dass die Informationen in den beiden Stereo-Kanälen kodiert werden (bei bleibender Kompatibilität zu stereo und mono). Deshalb läuft dieses Format in Samplitude auch unter der Bezeichnung „2-Kanal-Surround-Modus" - zu finden im Stereo-Editor. Dieses Format ist tauglich für normale Stereo-Tonträger und auch Radio- und Fernsehübertragungen. Nachteil ist die Einschränkung, dass der Surround-Kanal nur in mono vorliegt und auf ein Frequenzband zwischen 100 Hz und 7 kHz begrenzt ist.

> In der heutigen Digitalwelt üblicher sind sogenannte **5.1**-Verfahren - beispielsweise Dolby Digital und DTS. Mit der 5 sind die Kanäle vorn links, Mitte und rechts sowie hinten links und rechts gemeint. Die 1 steht für einen gesonderten Bass-Kanal (LFE - Low Frequency Effects). Da jeder Kanal separat vorliegt, entsteht also eine Endmischung mit sechs Kanälen. Kompatible Datenträger dafür sind beispielsweise SACD, DVD-Audio, DVD-Video oder die Blu-ray. In Samplitude kannst du über die Mixereinstellungen in den Projektoptionen verschiedene Surround-Normen aktivieren.

Für die Arbeit an Surround-Mischungen ist es natürlich logisch, dass du entsprechende Monitoring-Möglichkeiten haben musst. Gleichzeitig muss sich deine Denkweise an die Mischsituation anpassen, da du jetzt die Tiefenstaffelung nicht mehr nur über Reverb und Delay realisierst, sondern auch über die Platzierung im Surround-Feld. Insgesamt zeigen die Erfahrungen vieler Studios, dass Surround-Mischungen neben der fast automatischen Räumlichkeit auch häufig viel durchsichtiger wirken, wodurch die einzelnen Klangkomponenten einfach besser wahrnehmbar sind.

Reine Studioproduktionen werden meist so gemischt, dass die einzelnen Sounds auf verschiedene Richtungen und Positionen verteilt werden und somit den Zuhörer umgeben. Für Live-Mischungen ist es dagegen besser, die vorderen Kanäle als Bühne anzusehen und den Sound eigentlich in stereo zu mischen, während die Surround-Kanäle den Raumanteil und eventuelle Publikumsatmosphäre enthalten.

Insbesondere die beiden Kanäle für vorn Mitte und für den Bass sind für musikalische Anwendungen immer wieder mal Anlass für Diskussionen unter den Tonleuten, da diese Kanäle ja eigentlich auch für die Filmbranche geschaffen wurden (Dialoge und Tiefbass). Ein Rezept gibt es nicht. Ich für meinen Teil nutze den Center-Kanal wie jeden anderen auch und kann anstatt der Phantommitte einen definierten Sound aus dieser Richtung anbieten, was sich insbesondere für die Hauptmelodie gut macht. Andererseits belege ich für Musikanwendungen den Bass-Kanal eigentlich gar nicht, denn die Wiedergabeanlage schickt dann sowieso die Bassanteile der anderen Kanäle auf den Subwoofer (richtige Einstellung mal vorausgesetzt). Somit ist es eigentlich eine 5.0-Mischung, mit der ich arbeite.

14.5. Automation

In der heutigen Zeit des „total recall" ist ja quasi alles speicherbar und reproduzierbar. Das betrifft nicht nur die Endmischung, die du schaffen möchtest, sondern auch jegliche Parameter, die sich während eines Titelablaufs verändern. Es können also theo-retisch alle Reglerbewegungen und Schaltvorgänge aufge-zeichnet werden, womit eine Automatisierung dieser Vorgänge erreicht wird. Das ist nicht nur eine Arbeitserleichterung, sondern es werden auch Freiräume geschaffen, indem im Fall der Fälle mehr Automatisierungen ablaufen, als du von Hand je gleichzeitig realisieren könntest. Insgesamt erreichst du einen dynamischeren und bewegteren Titelablauf, in welchem nicht jeder Sound von Anfang bis Ende nur eine fest definierte Erscheinung ist. Zum Beispiel kannst du beim Gesang einzelne Worte hervorheben, indem du dort den Hallanteil erhöhst.

In manchen Fällen kann die Arbeit an den zu erstellenden Parametern recht aufwändig sein. Aus diesem Grund solltest du mit dem Programmieren und Aufzeichnen der Automation möglichst erst beginnen, wenn der Grundmix steht, um ständige Automationskorrekturen zu vermeiden.

Folgende Dinge sind die Hauptanwendungen der Automation:

> An erster Stelle muss da wohl die **Lautstärke** genannt werden. Wenn beispielsweise ein Sound, der ansonsten nur im Hintergrund des Titels zu finden ist, in einem Abschnitt eher Solofunktion hat, dann kannst du ihn über die Automation nach vorn holen, und zwar nicht nur plötzlich, sondern eben auch fließend.

> Normalerweise arbeitet man ja mit eher festen **Equalizer**-Einstellungen, aber ein Song ändert im Ablauf schließlich seine Struktur und die Zusammensetzung der Sounds. Da ist das Nachführen des Frequenzganges durchaus sinnvoll, um vor allem an Stellen, wo wenige Tracks aktiv sind, den Sound nicht zu flach erscheinen zu lassen.

> Interessant für die Automation ist der **Panorama**-Bereich. Damit kannst du einerseits die Position des Sounds wandern lassen. Andererseits ist es möglich, bestimmte Instrumente und Stimmen in verschiedenen Teilen des Titels an unterschiedlichen Stellen des Panoramas zu positionieren.

> Was mit Lautstärke, Equalizer und Panorama geht, funktioniert auch mit allen anderen einstellbaren Größen. Beispielsweise kannst du so die Effektanteile und jegliche andere Einzelparameter diverser **PlugIns** automatisieren.

Für die neueste Programmversion wurde auch der Bereich der Automation überarbeitet und verbessert. Insgesamt ist im Manual ein ausführliches Kapitel diesem Thema gewidmet, wo verschiedene Vorgehensweisen und die in Samplitude zur Verfügung stehenden Automationsmodi beschrieben werden. Daher verzichte ich an dieser Stelle auf eingehende Beispiele.

14.6. Summen-EQ

Der Einsatz des Equalizers auf der Summe sollte in jedem Fall vorsichtig erfolgen, da du hier den Gesamtsound verbiegst und im schlimmsten Fall vermurkst. Im Normalfall müsste eigentlich die Arbeit am Frequenzband über die Einstellung der Spur-Equalizer erledigt sein. In manchen Fällen sind aber eventuell kleine Fein-korrekturen notwendig. Dafür solltest du folgende Ratschläge beherzigen:

> ➤ Arbeite grundsätzlich **breitbandig**.
> ➤ Du solltest möglichst nur **absenken**. Willst du an-heben, dann achte auf den Pegel der Gesamt-summe.
> ➤ Nutze den **Low Cut** nur für Frequenzen unter 35 Hz.

Schwierig wird es immer, wenn du Material bearbeitest, von dem du nur die Summe vorliegen hast. Versuche auch hier, die Ein-griffe so vorsichtig wie möglich vorzunehmen. Eventuell solltest du je nach Titelablauf auch eine Automation in Betracht ziehen, um dem jeweiligen Abschnitt gerecht zu werden.

14.7. Summen-Kompression und Limiter

Auch wenn die meisten Einzelkanäle schon einen Kompressor durchlaufen haben, wird im Bereich der Summe häufig zusätzlich eine weitere Kompression vorgenommen. Wie schon beim Summen-EQ musst du auch hier vorsichtig rangehen. Vor allem solltest du vermeiden, dass das Material überkomprimiert klingt und die „Wellenform" nur noch wie ein breiter Balken aussieht. Das ist für die Ohren alles andere als angenehm und wirkt schnell langweilig. Außerdem ist der Spielraum für das Mastering im Prinzip bei Null *[siehe Kapitel 15]*.

Gehen wir davon aus, dass du die meiste Kompressor-Arbeit über die einzelnen Tracks erledigt hast. Dann könnten sinnvolle Einstellungen für die Summe so aussehen (Durchschnittswerte!):

> *Attack:*   *200 ms*
> *Release:*   *1000 ms*
> *Ratio:*   *3:1*
> *Gain Reduction:*   *-2 dB*

Um eine Übersteuerung der Summe zu vermeiden, ist es durchaus angebracht, einen Limiter nachzuschalten, der dir die Pegelspitzen begrenzt, die eventuell über 0 dB schießen könnten. Abhängig vom Material kann dieser Limiter so eingestellt werden, dass er bereits bei -0,1 oder -0,2 dB dicht macht. Beobachte dazu auch das Intersamplingmeter [siehe Kapitel 2.4.].

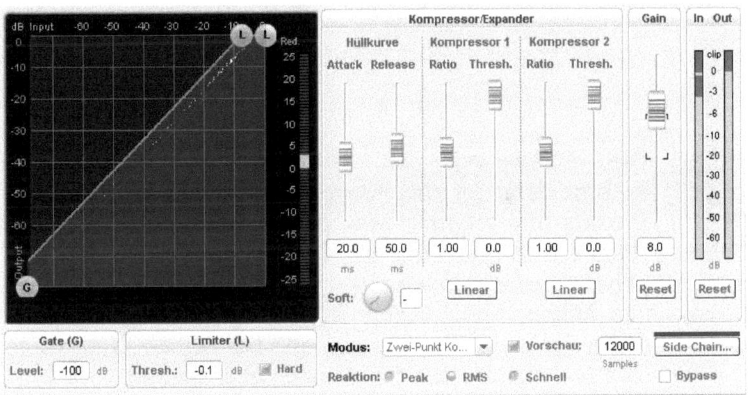

Der Multiband-Kompressor ist eine Kompressor-Variante, die auch gern in der Summenbearbeitung zum Zuge kommt. Als Neuling fühlst du dich vielleicht etwas überfordert von der Parameterflut, die hier plötzlich auf dich einstürzt. Schließlich haben wir es zum Beispiel bei einem Vierband-Kompressor mit vier einzelnen Kompressoren mit all ihren Parametern zu tun. Zusätzlich muss noch die Trennfrequenz gewählt werden, die die einzelnen Frequenzbereiche den jeweiligen Kompressoren zu-weist. Im Grunde arbeitet dann also so ein Multiband-Kompressor wie eine Kombination aus Kompressor und Equalizer, denn schließlich werden einzelne Frequenzbereiche separat ange-hoben oder abgesenkt.

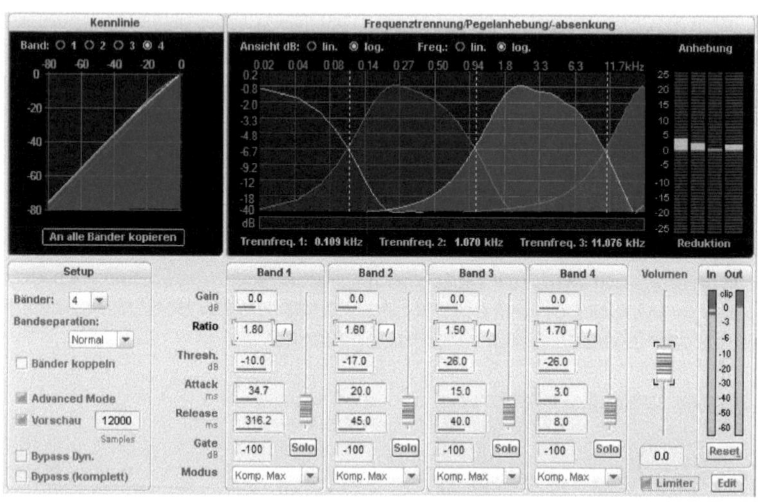

Die Einstellung der Trennfrequenz ist natürlich entscheidend für das Klangergebnis. Wenn du in den Presets mal schaust, wirst du sicher eine vorgegebene Variante finden, die erst einmal als Ausgangspunkt dienen kann. Ansonsten gehe einfach davon aus, dass wir bei vier Bändern die Bässe, tiefe Mitten, hohe Mitten und Höhen benötigen. Damit kannst du fürs Erste die Trennfrequenzen bei 100 Hz, 1 kHz und 5 kHz setzen und später nach Gehör noch modifizieren.

Ein großer Vorteil der Multiband-Kompressoren ist, dass hörbares Pumpen viel unwahrscheinlicher ist. Selbst wenn ein Band stark weggedrückt wird, beeinflusst das die anderen nicht. Im Prinzip kannst du die gleichen Werte als Ausgangspunkt verwenden, die wir beim Single-Kompressor besprochen haben. Für die Einstellung der einzelnen Bänder müsstest du diese über die Solo-Funktion auch mal separat abhören und Anpassungen vornehmen. In der Summe ergibt sich letztlich eine stärkere Kompression, als du es mit dem einfachen Kompressor gewöhnt bist. Insgesamt solltest du aber den Single-Kompressor als solchen beherrschen, bevor du dich an die Multiband-Teile wagst.

14.8. Summen-Effekte

Neben Equalizer und Dynamik-Eingriffen bleibt die Effekt-abteilung der Summe im Normalfall arbeitslos, da über die Tracks eigentlich alles geklärt sein sollte. Aber gerade im Bereich der Räumlichkeit kann es sein, dass trotz einzelner Hallräume in den Objekten, Tracks und Aux-Wegen einfach das verbindende Glied fehlt. Ein vorsichtiger Hall aus dem Bereich Room wirkt hier manchmal Wunder. Mit anderen Effekten auf der Summe würde ich als Neueinsteiger erst einmal nicht experimentieren.

14.9. Trackbouncing und Export

Wenn letztlich die gesamte Mischarbeit erledigt ist, muss das Endergebnis zu einer neuen Summen-Datei zusammengefasst werden. Dies geschieht über das Trackbouncing im Datei-Menü. Wenn du bis dahin sauber (also übersteuerungsfrei) gearbeitet hast, sollte auch die neu entstandene wav-Datei, die nun in echt auf die Festplatte geschrieben wird, keine Übersteuerungsfehler aufweisen. Damit hast du vom bearbeiteten Projekt eine fertige Datei, die dann beispielsweise zusammen mit anderen Dateien zu einem Album zusammengestellt werden kann.

Falls du von deinem Projekt wiederum eine Datei im mp3-Format benötigst, kann das auch aus Samplitude selbst erledigt werden, indem die gerade erzeugte wav-Datei ebenfalls über das Datei-Menü exportiert wird. (Neben mp3 sind dort auch andere Formate möglich.)

15. Mastering

> Befrage das Manual:
> 📖 siehe Auflistung auf der nächsten Seite

Die Angaben auf diesen zwei Seiten sind wie im vorigen Kapitel nur als Denkanstöße zu sehen. Bei näherem Interesse solltest du auf jeden Fall spezielle Fachliteratur heranziehen und andererseits eine Menge Erfahrungen sammeln!

Das Mastering ist im Grunde der Endschliff, welcher dem Summen-Mix verpasst wird. Gleichzeitig werden die Titel auf die jeweilige Art der Veröffentlichung vorbereitet. Daraus ergeben sich folgende Dinge, die zu erledigen sind:

> ➤ Die **Lautstärke** und die **Lautheit** müssen für jeden Titel separat aber auch im Gesamtkontext angepasst werden.
> ➤ Mit einem guten Equalizer wird der **Soundcharakter** der Titel aneinander angeglichen und es werden mögliche **Klangprobleme** korrigiert.
> ➤ **Anfang** und **Schluss** eines jeden Titels werden genau geschnitten oder geblendet.
> ➤ Es wird die **Titelreihenfolge** für die Veröffentlichung festgelegt. In diesem Zusammenhang werden auch die **Pausen** eingearbeitet und andere Spezifikationen für das jeweilige Medium aufbereitet.

Damit vor allem die Arbeit an der Lautstärke und der Lautheit optimal laufen kann, solltest du beim Mixdown noch nicht ein Übermaß an Kompression angelegt haben. Damit hättest du dem Mastering sonst eine Menge Möglichkeiten genommen!

Es stellt sich vor allem für den Amateurbereich immer wieder die Frage, ob man denn das Mastering nicht selbst übernehmen kann. Auch wenn es sicher kostengünstiger ist, so birgt es doch eine Reihe von Gefahren. Einerseits brauchst du eine Menge Studioerfahrung, die ein Neueinsteiger nun mal nicht mitbringt.

Auch das Equipment sollte sehr hochwertig sein, was ebenfalls ein Problem darstellen könnte. Als drittes wäre zu nennen, dass dir der neutrale Abstand zum Material fehlt, wenn du es selbst aufgenommen und gemischt hast. Vorhandene Fehler nimmst du vielleicht gar nicht mehr wahr.

Auf der anderen Seite soll aber eventuell gar keine Produktion entstehen, die mal im großen Maßstab auf Tonträger landet, womit ein gutes Aufwand-Nutzen-Verhältnis natürlich eher fraglich ist. Wenn du dich also aus diesem oder anderen Gründen dazu entschließt, selber zu mastern, dann solltest du zumindest einige Dinge beachten:

> Versuche, einen **zeitlichen und inhaltlichen Abstand** zwischen die Produktion und das Mastering zu bekommen.
> Beziehe **neutrale Mithörer** ein.
> Beschäftige dich intensiv mit dem **Metering** und wende es konsequent an *[siehe Kapitel 2.4.]*.
> Nutze zum Vergleich einige **Referenzsongs** des gleichen Stils.

Samplitude bringt eine Menge an Werkzeugen mit, die du zum Mastern nutzen kannst. Auf der Samplitude-Homepage findest du eine kurze Anleitung zur Vorgehensweise. Die nachfolgende Auflistung der dortigen Arbeitsschritte sollte dir verdeutlichen, mit welchen Modulen du inzwischen arbeiten können musst, um das Mastering durchzuführen: **Mischung exportieren/ neues VIP erstellen/ Gleichspannung entfernen/ DeClicker, DeCrackler, DeHisser, DeNoiser und Spektralmodus einsetzen/ Normalisieren/ Fades/ Equalizer/ Stereo Enhancer/ Multiband-Kompressor/ AM-Munition/ sMax11/ Limiter/ Audioexport**. Das gibt also nach dem eigentlichen Mischprozess noch einmal richtig Arbeit.

Ergänzen möchte ich noch, dass du beim Zusammenstellen eines ganzen Tonträgers die angesprochene **Angleichung der Titel** noch vornehmen musst. Außerdem bestimmst du den Gesamtablauf durch die **Einrichtung diverser Marker**.

16. Spezielles

Befrage das Manual:
- 📖 Punch-Aufnahme
- 📖 Elastic Audio
- 📖 Tempo-Bearbeitung, Tempo-Marker, Tempo-Map
- 📖 Remix-Agent
- 📖 Revolvertracks
- 📖 DeClipper, DeClicker/DeCrackler, DeHisser, DeNoiser
- 📖 Kompressor
- 📖 Equalizer
- 📖 Spektralmodus
- 📖 Raumsimulator
- 📖 PlugIn
- 📖 Multiband Stereo Enhancer
- 📖 Medienverknüpfung, Video Setup

Aller guten Dinge sind drei, und hier ist das dritte Kapitel, welches dich in Form von kurzen Anregungen weiter in die Tiefen der Tonproduktion führen soll. Wir haben bis hier einige wichtige Grundlagen von Samplitude und der allgemeinen Tonstudio-Arbeit besprochen oder manchmal auch nur angerissen. Samplitude selbst bietet aber darüber hinaus eine Menge Funktionen, die noch gar nicht zur Sprache kamen. Andererseits gibt es auch neben den „normalen" Abläufen im Tonstudio viele weitere interessante Arbeitsgebiete und Tätigkeiten.

16.1. Punch-Aufnahme

Es kann vorkommen, dass du eine fast perfekte Aufnahme hast, in der einfach eine einzige Stelle noch verbessert werden soll. Einerseits kannst du diese Passage separat noch einmal aufnehmen und dann in den restlichen Ablauf einsetzen. Du kannst das Ganze aber auch auf einen Arbeitsschritt reduzieren, indem du direkt bei der Aufnahme das fehlerhafte Material ersetzt. Dazu eignen sich Punch-Aufnahmen.

Zum Austesten kannst du einfach eine beliebige Gesangs- oder Instrumentalaufnahme hernehmen oder anfertigen. Danach würde die eigentliche Punch-Aufnahme folgen. Dafür gibt es verschiedene Vorgehensweisen. Hier ist mal eine:

> *Markiere den betreffenden Abschnitt.*
> *Falls die Transportkonsole noch nicht offen ist, öffne diese (STRG+Umschalt+T)*
> *Drücke an der Oberkante auf die Schaltflächen „in“ und „out“. Damit markierst du den Ein- und Ausstiegspunkt für die Aufnahme.*
> *Drücke außerdem auf die Schaltfläche „Punch“.*
> *Stelle den Abspielmarker ein Stück vor den Einstiegspunkt.*
> *Vergiss nicht, die Spur mit dem Record-Button zu aktivieren.*
> *Öffne die Aufnahme-Optionen (Umschalt+R) und nimm eventuell noch notwendige Einstellungen vor, wenn diese nicht automatisch richtig erscheinen (beispielsweise Speicherort und Dateinamen).*
> *Starte die Aufnahme.*

16.2. Tonhöhenbearbeitungen

Im Objekteditor befindet sich die unscheinbare Schaltfläche **„Elastic Audio**...“ Man ahnt nicht, dass sich dahinter eine sehr nützliche Funktion mit eigener Bedienoberfläche verbirgt. Vor allem für Objekte mit Solo-Sounds hast du die Möglichkeit, gezielt in den Tonhöhenverlauf einzugreifen. Während du beim normalen Pitchen ganze Abschnitte pauschal behandelst *[siehe Kapitel 11.3.]*, geht es hier im Prinzip um jeden Ton für sich. Wie die Beschreibungen im Manual vermuten lassen, kannst du vieles dabei automatisieren. Ansonsten musst du halt manuell eingreifen, besonders bei kompliziertem Material oder wenn ein spezieller Effekt als Ergebnis gewünscht ist. (In überstrapazierter Form erhält man den berühmten „Cher-Effekt“, der durch den Titel „Believe“ in kürzester Zeit weltbekannt wurde.)

16.3. Tempobearbeitungen

Nur kurz möchte ich erwähnen, dass du auch das Tempo auf noch andere Weise als nur mit der Time/Pitch-Funktion aus dem Objekteditor beeinflussen kannst. Über den Menüpunkt „Bearbeiten/ Tempo" erreichst du eine ganze Palette an Manipulationsmöglichkeiten, deren genaue Beschreibung hier zu weit führen würde. Das Manual gibt aber reichlich Auskunft und auf der Homepage von Samplitude findest du Tutorials zu diesem Thema.

Die sich ergebenden Einsatzzwecke sind sehr vielfältig. Ich beschreibe dir mal kurz ein Beispiel aus meiner eigenen Praxis: Ich hatte eine Aufnahme eines Sängers vorliegen, der sich mit der Akustik-Gitarre begleitete. Für eine Neuveröffentlichung sollte ein erweitertes Arrangement mit ein paar Drums und Füllstimmen aus dem Synthesizer hinzukommen. Die Zusatzstimmen lagen im Sequenzer der genutzten Workstation bereits vor. Das Problem war, dass die Akustikaufnahme ohne Click aufgenommen wurde, was ja in Bezug auf die Natürlichkeit so auch in Ordnung ist. Damit gab es aber Timingschwankungen, die es unmöglich machten, die Synthi-Sounds einfach synchron anzulegen. Die Lösung sah so aus, dass ich von Hand ein Taktraster zur Akustik-Aufnahme eingetappt habe. Nun konnte Samplitude per MIDI das Tempo des Sequenzers steuern. Die Natürlichkeit blieb durch die nicht bewusst wahrnehmbaren Timingschwankungen erhalten.

16.4. Remix

Ob du nun einen Auftrag hast oder nur aus Spaß an der Freude einen Remix anfertigen willst - in jedem Fall ist das Ganze ein gutes Training für diverse Schnitt-Techniken *[siehe Kapitel 10.2.].*

Wenn dir nur ein fertig gemischter Titel als Ausgangsmaterial zur Verfügung steht, ist dein Spielraum sehr begrenzt. Gut - einen Extended Mix, wie er in den 1980ern mal Mode war, kriegst du durch Zerlegen und wieder Zusammenfügen auf jeden Fall hin. Ein dafür ausgesprochen starkes Werkzeug in Samplitude ist der

Remix-Agent. Mit diesem kannst du dir einen Song automatisch in kleine Bestandteile zerlegen lassen, die dem Taktraster folgen.

Trotz der Leistungsfähigkeit dieses Moduls ist die Einarbeitung eigentlich unkompliziert. Probiere es mit einem einfachen Beispiel kurz aus:

> *Lade dir einen Titel mit einem geradlinigen Rhythmus, der auch gut zu hören ist.*
> *Markiere das Objekt und starte über das Objektmenü den Remix-Agenten.*
> *Folgen dann einfach den Anweisungen des Moduls.*

Im *Kapitel 10.2.* wurden schon einmal die **Revolvertracks** erwähnt, die gerade für das Umsortieren innerhalb einer Spur geeignet sind und somit auch bei der Erstellung bestimmter Remixe gute Dienste leisten.

Insgesamt benötigst du für professionelle Remix-Arbeit aber eigentlich mehr als nur die Masterspur des Ausgangstitels. Stems (Zwischenmischungen einzelner Soundgruppen) sind schon mal nicht schlecht; besser sind jedoch die Einzeltracks, aber es hängt sehr von den ursprünglichen Machern ab, was diese freigeben. Manchmal bekommt man auch nur die Vocals und muss den Rest komplett neu bauen. Samplitude ist hier mit seinen Software-Instrumenten *[siehe Kapitel 3.2.]* und Objekt-Synths *[siehe Kapitel 3.3.]* eine gute Hilfe.

Wenn du dich generell im Remix-Sektor ein wenig mehr ausprobieren willst, dann schaue doch per Internet mal nach Remix-Wettbewerben. Selbst wenn du das Ergebnis dann nicht einsendest, kommst du so an das Rohmaterial zum Üben.

16.5. Sound Restauration

Kurz ein paar Bemerkungen zu einem Gebiet, welches ich für mich persönlich als sehr interessant empfunden habe. Es kann durchaus reizvoll sein, alte Studio- oder Live-Aufnahmen oder Material von alten Bändern, Kassetten oder Platten zu restaurieren. Vor allem die Restaurations-PlugIns mit der Vorsilbe „De-" leisten hier manchmal wahre Wunder *[siehe Studio I Kapitel 5.18. bis 5.20.]*, um im ersten Schritt Störendes zur reduzieren. Für die Soundauffrischung sorgen im zweiten Schritt dann beispielsweise der Kompressor *[siehe Studio I Kapitel 5.12.]* oder der Equalizer *[siehe Studio I Kapitel 5.11.]*.

Grundsätzlich bleibt beim Restaurieren immer die Frage, wie weit du gehen kannst, ohne den Charme des Alten zu zerstören und ein steriles Ergebnis zu haben. Außerdem führen zu drastische Eingriffe nicht selten zu neuen digitalen Störgeräuschen (Artefakte). Also auch dieses Gebiet ist eine Gratwanderung, bei der wie bei allen anderen Arbeiten im Studio wieder das genaue Hinhören gefragt ist.

Übrigens: Nicht nur Altes muss manchmal restauriert werden. Beispielsweise stört in einer Live-Aufnahme vielleicht ein Zwischenhuster aus dem Publikum oder eine böse Rückkopplung. Dafür ist der **Spektralmodus** super geeignet, denn mit diesem entfernst du gezielt solche Störfaktoren.

16.6. Live-Mitschnitt

Eine Live-Aufnahme lebt von der Mischung aus Publikumsatmosphäre und der Energie, die die Musiker einbringen. Wie groß der betriebene Aufnahmeaufwand aussieht, hängt sehr vom Zweck des Mitschnitts ab. Eine einfache Aufnahme für das Archiv der Musiker funktioniert mit simplen Mitteln fast im Alleingang, während eine richtige Produktion für eine Veröffentlichung durchaus zeit- und geldintensiv sein kann. Und zwischen diesen beiden Extremen gibt es einige Abstufungen.

Gehen wir davon aus, dass du eine Aufnahme hast, die einigermaßen professionell ist. Dafür müsstest du wenigstens die Summe vom Mischpult haben sowie eine Raumaufnahme mit minimal zwei Mikros. Die High-End-Variante ist wohl der Mitschnitt jeder Einzelspur plus einigen zusätzlichen Raummikros. Die Nachbearbeitung ist dann mindestens so aufwändig wie eine Studioproduktion, nur dass du halt von jedem Titel nur einen einzigen Durchlauf vorliegen hast. (In der Praxis der Profis werden deshalb meist mehrere Konzerte mitgeschnitten und manchmal sogar Studio-Material hineingeschummelt.)

Apropos Schummelei: Es gibt auf dem Musikmarkt auch regelrechte Live Fakes, die also nie über eine Bühne gegangen sind. So einfach geht das:

> *Lade dir einen beliebigen Titel.*
> *Schaffe die räumliche Atmosphäre am besten mit dem Raumsimulator (beispielsweise eine Arena aus dem Bereich Live). Lege diesen in die Master-Sektion und mische den Hall nur dezent mit ein (zum Beispiel im Verhältnis von -1 dB Original zu -16 dB Hall).*
> *Suche dir aus Konzerten oder Sportsendungen verschiedene Live-Reaktionen und Applaus des Publikums und lege diese Schnipsel auf weiteren Spuren ab. Schiebe diese Schnipsel dort hin, wo sie gebraucht werden (auch auf Instrumentalteile zwischen Gesangsbausteinen).*
> *Passe über den Equalizer den Klang des Publikums an und regle die Lautstärkeverhältnisse.*

Bei Live-Aufnahmen für Tonträger solltest du den Applaus über Crossfades *[siehe Kapitel 11.2.]* eventuell kürzen, wenn dieser in einigen Passagen zu lang ist. Was live in Ordnung ist und auch bei Video-Aufnahmen noch funktioniert, kann auf CD total stören.

16.7. Karaoke-Versionen

Wenn eine Karaoke-Version benötigt wird, aber keine Veröffentlichung dazu vorliegt, kannst du dir auch selbst helfen und versuchen, aus dem Original den Hauptgesang zu entfernen. Wie gut das letztlich funktioniert, hängt aber sehr davon ab, wie das Original gemischt wurde. Bei den meisten Karaoke-Modulen wird die Stereo-Mitte entfernt, wo im Normalfall der Gesang liegt. Wurde dieser allerdings mit viel Stereo-Hall oder diversen

Phasen-Effekten versehen, klappt das Ganze nur noch im Ansatz.

In Samplitude probiere ich meist zwei Varianten parallel und entscheide mich dann für die, welche bei dem jeweiligen Titel gerade besser klingt.

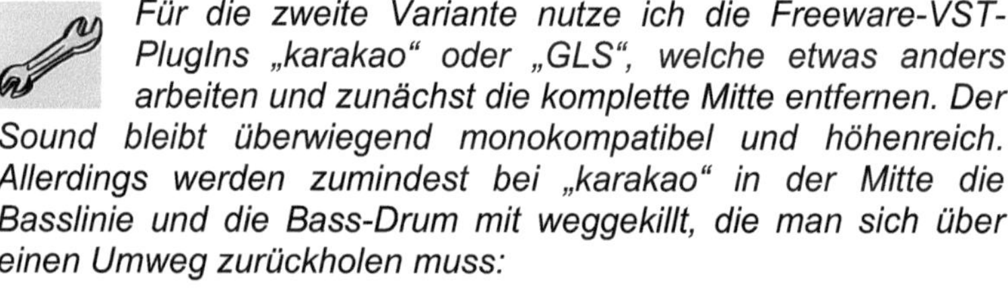

Die erste Variante funktioniert mit bordeigenen Mitteln von Samplitude und hat außerdem den Vorteil, dass mit nur einer Spur und einem PlugIn gearbeitet werden muss. Nachteil ist, dass der Höhenbereich stärker leidet und die Monokompatibilität nicht mehr gegeben ist:

> ➢ *Lade dir einen beliebigen Titel.*
> ➢ *Wähle aus der Kategorie Stereo/Phase das PlugIn „Multiband Stereo Enhancer".*
> ➢ *Wähle das Preset „Karaoke".*
> ➢ *Drehe den Stereo-Regler im Höhenband so weit nach rechts, bis du mit dem Ergebnis zufrieden bist.*

Für die zweite Variante nutze ich die Freeware-VST-PlugIns „karakao" oder „GLS", welche etwas anders arbeiten und zunächst die komplette Mitte entfernen. Der Sound bleibt überwiegend monokompatibel und höhenreich. Allerdings werden zumindest bei „karakao" in der Mitte die Basslinie und die Bass-Drum mit weggekillt, die man sich über einen Umweg zurückholen muss:

> ➢ *Lade dir einen beliebigen Titel parallel auf zwei Spuren.*
> ➢ *Wähle für eine Spur aus dem von dir installierten Ordner das PlugIn „karakao".*
> ➢ *Ziehe den einzigen vorhandenen Parameter nach ganz links.*
> ➢ *Setze auf der zweiten Spur einen Equalizer ein.*
> ➢ *Schalte das obere Band auf High Cut und wähle (je nach Gesangsstimme) eine Frequenz von circa 250 Hz.*

Haben beide Varianten nicht funktioniert, liegt es wohl am Ausgangstitel. Nimm also zum Testen einen anderen.

16.8. Filmvertonungen

Ja, auch das geht mit Samplitude wunderbar. Wenn du den fertig geschnittenen Film in Samplitude einbindest, kannst du eine komplette Vertonung vornehmen und dabei mit den Spuren arbeiten, wie du es auch von Musikanwendungen gewöhnt bist. Das heißt, du hast soundmäßig mehr Möglichkeiten, als in so mancher Videoschnitt-Software. Spätestens hier wird dann auch das Mischen in Surround interessant *[siehe Kapitel 14.4.]*.

Das fertige Ergebnis kannst du direkt als neuen Ton in die Video-Datei rechnen lassen. Alternativ ist aber auch das Übergeben der Summe an deine Video-Software möglich.

- - -

Die Auflistung allein in diesem Kapitel zeigt, wie vielfältig Samplitude ist. Auch wenn die Möglichkeiten für den Neueinsteiger riesig sind, findet man sich doch relativ schnell zurecht, da man ja meist bestimmte Arbeitsgebiete bevorzugt, die einem bald flott von der Hand gehen. Und ich hoffe, dass ich dir mit der zurückliegenden Lektüre ein wenig dabei helfen und den Kennenlernprozess beschleunigen konnte, damit du Samplitude letztlich effektiv einsetzen kannst.

17. Buchempfehlungen

Im Laufe des Buches habe ich immer wieder auf andere von mir geschriebene Literatur hingewiesen. Neben dieser möchte ich aber auch die Bücher anderer Autoren empfehlen, die sich teilweise sehr spezialisiert auf einige Teilgebiete des Studiogeschehens konzentrieren. Die nachfolgende Auflistung ist sicher nicht vollständig, aber sie zeigt dir, wo du dich je nach Kenntnisstand und eingeschlagenem Entwicklungsweg nach Aufbauwissen umschauen kannst. Vor allem der Verlag PPV Medien und der GC Carstensen Verlag haben ein umfassendes Angebot an Fachliteratur. Daneben bieten aber auch einige andere Verlage durchaus interessanten Lesestoff.

17.1. Verlag PPV Medien

Insbesondere für den Aufnahme- und Bearbeitungsbereich geschrieben und mit zahlreichen Arbeitsbeispielen versehen wurde folgendes Buch:

> - Martin Hömberg „Recording Basics"
> (978-3-932275-21-0)

Und hier noch ein paar weitere lesenswerte Werke:

> - Norbert Pawera „Mikrofonpraxis"
> (978-3-932275-54-8)
> - Thomas Sandmann „Effekte & Dynamics"
> (978-3-932275-57-9)
> - Jan-Friedrich Conrad „Recording"
> (978-3-941531-61-1)
> - Andreas Friesecke „Metering"
> (978-3-937841-57-1)

17.2. GC Carstensen Verlag

Von manchen Fachleuten der Branche werden die drei nachfolgenden (nicht ganz handlichen) Bücher quasi als Bibel der Tontechnik angesehen. Bezeichnung hin oder her - empfehlenswert sind die Werke auf jeden Fall. In einem großen Theorieteil werden viele Bereiche des Studiolebens detailreich beleuchtet. Zahlreiche Praxisbeispiele würzen das Ganze, und schließlich gibt es einen großen Interview-Teil, in welchem wirkliche Größen internationaler Tonstudios zu Wort kommen:

> - Bobby Owsinski „Aufnehmen wie die Profis"
> (978-3910098404)
> - Bobby Owsinski „Mischen wie die Profis"
> (978-3910098367)

> Bobby Owsinski „Mastern wie die Profis"
> (978-3910098398)

Und wieder noch ein paar weitere Empfehlungen:

> Frank Pieper „Das Effekte Praxisbuch"
> (978-3-910098-27-5)
> Andreas Ederhof „Das Mikrofonbuch"
> (978-3-910098-35-0)
> Hubert Henle „Das Tonstudio Handbuch"
> (978-3-910098-19-0)
> Tim Crich „Recording Tipps - das Handbuch"
> (978-3-910098-38-1)

17.3. Andere Verlage

Aus dem Verlag epubli kommt ein Buch, welches eine ganze Reihe der in meinen Büchern beschriebenen Grundlagen erwähnt und diese dann aber im Detail weiterführt. Ich kann dir dieses Lesewerk also getrost als Lektüre für Fortgeschrittene empfehlen:

> Andreas Mistele „getting pro"
> (978-3-8442-1137-5)

17.4. Eigenwerbung

Natürlich möchte ich es nicht versäumen, auch auf meine eigenen geistigen Ergüsse hinzuweisen.

Speziell für den Neueinsteiger in die Synthesizer-Materie erschien 2010 ein Buch,

welches sowohl die theoretischen Hintergründe beleuchtet als auch Anwendungsbeispiele und diverse Tricks und Kniffe liefert:

> Raik Johne „Keine Angst vorm Synthesizer"
> (978-3-7460-3615-1) - 3. überarbeitete Auflage

Eigenwerbung ist ja ganz in Ordnung - Eigenlob nicht. Deshalb lasse ich mal die Zeitschrift „Keyboards" (4/2010) zu Wort kommen:

Im BoD-Verlag (Books on Demand) ist ein Buch mit dem Titel „Keine Angst vorm Synthesizer" erschienen. Der Autor und Pädagoge Raik Johne richtet sich mit seinem Leitfaden in erster Linie an alle, die sich einen didaktisch gut aufgebauten Einstieg in die digitale Klangerzeugung und den generellen Umgang mit Synthesizern jeglicher Art wünschen. Wer sich also schon immer mal intensiver mit den Themen der digitalen oder analogen Klangerzeugung beschäftigen wollte, sollte vielleicht mal einen Blick in das Innere dieses Buches riskieren.

17. Buchempfehlungen

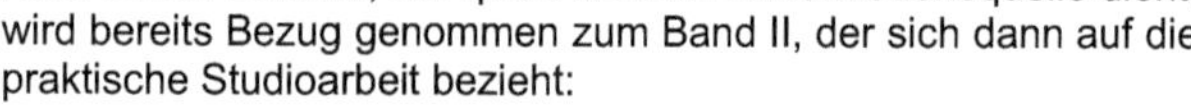

Im Frühjahr 2013 erschien der erste Band meiner Studio-Einsteigerlektüre:

> Raik Johne „Mein erstes Tonstudio - Band I"
> (978-3-7431-7965-3) - 2. überarbeitete Auflage

Was Neueinsteigern auf dem Weg zu einem eigenen kleinen Tonstudio an Stolperfallen begegnen könnte und wie man sie vor allem vermeidet, das soll Gegenstand dieses Buches sein. Ganz nebenbei wird natürlich versucht, die wichtigsten Eckdaten und Informationen aus dem Bereich der Tonstudiotechnik in kompakter Form zu vermitteln. Es werden Begriffe geklärt und Gerätschaften sowie Programmkomponenten näher betrachtet. Das Studio als Räumlichkeit wird in den Mittelpunkt gerückt und andererseits der Computer als zentrales Element dieses Studios beschrieben.

An vielen Stellen des ersten Bandes, der quasi als Basis-Informationsquelle dient, wird bereits Bezug genommen zum Band II, der sich dann auf die praktische Studioarbeit bezieht:

> Raik Johne „Mein erstes Tonstudio - Band II"
> (978-3-7392-2971-3) - 2. überarbeitete Auflage

Vor allem das Aufnehmen und Mischen wird in den Mittelpunkt gerückt. Konsequent werden die theoretischen Erkenntnisse des ersten Buchbandes weiterentwickelt. Aber auch ohne Band I und mit ein wenig Grundwissen zur Tontechnik kann man mit diesem Arbeitsbuch eine Menge anfangen und lernen. Es werden verschiedene Aufnahmesituationen erarbeitet und für die wichtigsten Standard-Situationen entsprechende Vorgehensweisen vorgeschlagen sowie auch einige Einstell-Möglichkeiten diverser Effekte aufgezeigt. Selbst der schon etwas Erfahrene wird den einen oder anderen Tipp finden oder einfach nur noch einmal in den kompakten und übersichtlichen Ratschlägen zur Mikrofonierung nachschlagen.

Wer beide gerade erwähnten Bände braucht, kann etwas Geld sparen und zu der jetzt auch erhältlichen Sammelausgabe greifen:

> Raik Johne „Mein erstes Tonstudio - Sammelband
> Buch I & II" (978-3-7460-3617-5)

Die heutige Schülergeneration ist zum Teil sehr technikinteressiert. Dies betrifft unter anderem auch den Bereich der Tontechnik. Aus diesem Grund erscheint eine Spezialausgabe, welche eigens auf eine junge Zielgruppe ab Klasse 7 aufwärts zugeschnitten wird:

> Raik Johne „Mein erstes Tonstudio - Spezialausgabe
> für Schüler ab Klasse 7" (978-3-7460-3616-8)

In diese Ausgabe fließen einige Gebiete aus den beiden Tonstudiobüchern sowie aus dem Buch zu Samplitude mit ein. Aufbereitet wird das Ganze mit Blick auf den Erfahrungsschatz und die Interessengebiete junger Neueinsteiger.

Dieses Buch richtet sich an alle, die sich trauen, eigene Choraufnahmen zu erstellen; also Chorsänger, Chorleiter oder auch Studioleute, für die dieses Thema Neuland ist:

> Raik Johne „Nimm den Chor doch selber auf"
> (978-3-7386-5481-3)

Das seit 2016 erhältliche und gleichzeitig erste deutschsprachige Buch zu dieser Thematik enthält einige angepasste Auszüge aus meinen beiden Tonstudio-Büchern und wurde natürlich um weitere Kapitel ergänzt, so dass ein Rundum-sorglos-Wissens-Paket entstanden ist, welches die Bandbreite vom einfachen Mitschnitt bis zur CD-Produktion umfasst.

Der Umgang mit Effekten spielte bereits im vorliegenden Buch eine große Rolle. Noch tiefgründiger wurde das Thema in einem 2017 herausgegebenen separaten Buch behandelt:

> Raik Johne „Effekte-Praxis im Tonstudio"
> (978-3-7412-4944-0)

Wer im Tonstudio arbeitet, kommt am Einsatz verschiedenster Effekte nicht vorbei. Für den sinnvollen Einsatz dieser großen Gruppe von Geräten bzw. PlugIns muss man natürlich wissen, was sie machen, wie sie funktionieren und wie sie bedient werden. Wahrscheinlich noch schwieriger ist es aber, für die jeweilige Aufnahme überhaupt zum richtigen Effekt zu greifen und sinnvolle Einstellungen zu finden. Beide Seiten, also Theorie und Praxis werden in diesem Einsteiger-Kurs besprochen. Vor allem der Praxisteil liefert zahlreiche Anwendungsbeispiele zu den wichtigsten Aufnahme- und Bearbeitungssituationen liefern.

17. Buchempfehlungen

Für die nächste Zeit sind folgende Bücher geplant:

> ➤ Raik Johne „Synthesizer Songwriting"

Nur weil ich weiß, wie mein Herd anzuschalten ist, macht mich das noch nicht zu einem guten Koch. Und wenn man weiß, wie ein Synthesizer und seine Software-Kollegen funktionieren, ist man noch lange kein Komponist und Arrangeur. Um insbesondere den Neueinsteiger auf diesem Gebiet zu unterstützen, kehre ich nach einigen Büchern über diverse Tontechnik nun zu meinen Wurzeln im Autorenbereich zurück. Als konsequente Fortsetzung von „Keine Angst vorm Synthesizer" sollen zahlreiche praktische Tipps und Anleitungen für das Komponieren und Arrangieren mit Synthesizern, Workstations und Emulationen auf dem PC gegeben werden. Allerdings kann ich damit nur die Kreativität ankurbeln - haben muss man sie schon selber ...

> ➤ Raik Johne „Sound Restaurierung"

Auf der einen Seite sind da diverse Platten mit Material, welches es nicht in digitaler Form gibt; weiterhin vielleicht Kassetten und Bänder mit Mitschnitten eigener Konzerte aus der Jugendzeit; aber eventuell sind da auch neue Aufnahmen, die zwar schlecht, aber nicht wiederholbar sind. Auf der anderen Seite existieren heute gerade im Computersektor so viele Audio-Werkzeuge, die aus schlechtem Sound zumindest anhörbare Ergebnisse zaubern können. Wenn du nun zwischen diesen beiden Seiten stehst, hast du vielleicht das Problem: Welches Werkzeug ist wofür geeignet und wie sieht die Vorgehensweise aus - insbesondere dann, wenn die Bearbeitung in mehreren Schritten erfolgen muss. Das Buch soll neben theoretischen Erklärungen vor allem praktische Hilfe bei der Restaurierung von Audio-Material sein.

> ➤ Raik Johne „Keine Angst vorm Synthesizer -
> Spezialausgabe für Schüler ab Klasse 7"

Es gibt nicht wenige Schüler, die sich mit dem Erlernen des Keyboardspielens auseinandersetzen. Wenn aber der Schritt zum Synthesizer gewagt werden soll oder andererseits sich einfach jemand mit Soundtüfteleien am Computer beschäftigen möchte, ist die Frage nach einem technischen Leitfaden groß. Aus diesem Grund erscheint eine Spezialausgabe, welche eigens auf eine junge Zielgruppe ab Klasse 7 aufwärts zugeschnitten wird. Dabei fließen einige Gebiete aus den beiden Synthesizerbüchern mit ein. Aufbereitet wird das Ganze mit Blick auf den Erfahrungsschatz und die Interessengebiete junger Neueinsteiger.

Der aktuelle Stand der Autorentätigkeit ist zu finden auf www.andy-j.de